工程装备电气系统构造与维修技术

申金星　李焕良　崔洪新　主　编
何晓晖　杨小强　张海涛　刘好全　副主编

北　京

冶金工业出版社

2019

内 容 提 要

本书共七章，其内容分别为：工程装备电源系统的构造与维修、起动系统的构造与维修、照明信号系统维修、电气仪表及电控系统的构造与维修、辅助电气系统维修、全车电路维修，最后系统地介绍了两种典型工程装备，尤其是两栖工程作业车电控系统的结构组成、工作原理以及其主要电器元件的故障特点、诊断方法与排除修理措施。

本书具有较高的实用性，适合高等院校机电一体化、控制工程等专业教学及部队的工程装备维修技术人员培训或现场使用，也可供各类机械设备维护保养的从业技术人员阅读参考。

图书在版编目 (CIP) 数据

工程装备电气系统构造与维修技术/申金星，李焕良，崔洪新主编. —北京：冶金工业出版社，2019.6

ISBN 978-7-5024-8099-8

Ⅰ. ①工… Ⅱ. ①申… ②李… ③崔… Ⅲ. ①工程设备—电气系统—构造 ②工程设备—电气系统—维修 Ⅳ. ①TB4

中国版本图书馆 CIP 数据核字（2019）第 091203 号

出 版 人 谭学余
地　　址 北京市东城区嵩祝院北巷 39 号 邮编 100009 电话 (010)64027926
网　　址 www.cnmip.com.cn 电子信箱 yjcbs@cnmip.com.cn
责任编辑 王梦梦 程志宏 美术编辑 郑小利 版式设计 禹 蕊
责任校对 郭惠兰 责任印制 李玉山
ISBN 978-7-5024-8099-8
冶金工业出版社出版发行；各地新华书店经销；三河市双峰印刷装订有限公司印刷
2019 年 6 月第 1 版，2019 年 6 月第 1 次印刷
787mm×1092mm　1/16；10.75 印张；260 千字；164 页
48.00 元

冶金工业出版社 投稿电话 (010)64027932 投稿信箱 tougao@cnmip.com.cn
冶金工业出版社营销中心 电话 (010)64044283 传真 (010)64027893
冶金工业出版社天猫旗舰店 yjgycbs.tmall.com
（本书如有印装质量问题，本社营销中心负责退换）

前　言

电控系统是军事工程装备执行作战保障的灵魂，其电气化、自动化和智能化水平的高低已成为衡量工程装备先进水平的重要标志。工程装备中的各种电子控制单元数量最多可达几十个，极大地提高了装备的使用性、可靠性、动力性、操稳性和舒适性；同时也给工程装备的维修保障带来了根本性的变革。为适应当前军队改革和现代科学技术发展的形势，广大的工程装备维修人员必须增强专业理论知识，提高维修实践技能，更好地保障装备效能的发挥。

本书内容突出以实用为主，读者可以从中了解主要电气系统整体组成、部件结构工作原理以及掌握单个部件的检测方法，从而检测主要部件的好坏并诊断排除系统故障。讲解内容力求做到图文并茂、新颖实用、重点突出、简明易懂。

全书共分七章，第一章介绍了工程装备电源系统的构造与维修，第二章介绍了起动系统的构造与维修，第三章是照明信号系统维修，第四章是电气仪表及电控系统的构造与维修，第五章为辅助电气系统维修，第六章为全车电路维修，最后一章分析了两种典型工程装备电气系统的构造、特点与检测步骤等内容。

本书内容翔实、新颖实用、针对性强、重点突出，兼具普及性与专业性两个方面。在编写过程中，对参考选用的相关教材、论文及专业著作的作者，谨表衷心的谢意。本书由陆军工程大学申金星、李焕良和武警部队研究院崔洪新主编，参与编写的人员还有何晓晖、杨小强、张海涛、刘好全、韩金华、刘宗凯、王伟和中国人民解放军31605部队文建祥等人。本书具有较高的实用性，适合机电一体化、控制工程等在校专业学生，以及部队的工程装备维修技术人员使用。由于笔者学识和经验所限，书中难免有不足之处，恳请广大读者热心指正。

编者邮箱：3113593699@ qq. com。

编　者
2019 年 1 月

目　　录

绪　　论

工程装备上所装电气与电子设备种类较多，功能各异，按其作用大致可分为以下几个部分：

（1）电源系统。电源系统由蓄电池、发电机、调节器及工作状况指示装置（电流表、充电指示灯）等组成，其作用是向工程装备提供稳定的低压直流电能。

（2）起动系统。起动系统由起动机、起动继电器、起动开关及起动保护装置等组成，其作用是起动发动机。

（3）照明与信号系统。照明与信号系统由前照灯、雾灯、示廓灯、转向灯、制动灯、倒车灯以及控制继电器和开关等组成，其作用是为工程装备行驶及作业提供照明和指示信号。

（4）仪表警报系统。仪表警报系统由仪表、传感器、各种报警指示灯及控制器等组成，其作用是为机械行驶及作业显示工作状况。

（5）辅助电气系统。辅助电气系统一般由风窗刮水装置和起动预热装置组成，其作用是为工程装备行驶及作业提供良好的视野和良好的起动性能。

（6）空调系统。空调系统由制冷、采暖、通风和空气净化等装置组成，其作用是使工程装备的驾驶室内能够保持适宜的温度和湿度，使车内空气清新。

（7）电子控制系统。工程装备电子控制系统主要是指利用微机控制的各个系统，主要由微机、传感器、执行器及控制线路组成，其作用是对发动机、底盘、工作装置进行自动控制、自动报警、自动诊断。

工程装备电气与电子控制装置的特点：

（1）低压直流。工程装备车辆电系的额定电压有 12V、24V 两种。汽油机普遍采用 12V 电源，柴油车多采用 24V 电源（由两个 12V 蓄电池串联而成）。个别工程装备上两种电压并存，以满足不同的需求。现代工程装备一般采用直流电源系统，这主要是考虑发电机要向蓄电池充电。

（2）并联。工程装备上的主要电气设备一般采用并联连接方式，这主要是防止各主要电器之间一旦出现故障造成相互影响，避免大量电气设备的无法使用。

（3）负极搭铁、单线制。为简化电气设备的连接线路，通常用一根导线连接电源正极和电气设备，而将电气设备的另一端接到金属机体上，如发动机缸体、车架等部位，俗称"搭铁"。此时，电源与电气设备之间只有一根导线相连，即为"单线制"。根据国家标准，工程装备采用负极搭铁，即蓄电池的负极接金属车体。

第一章 电源系统构造与维修

工程装备电源系统的主要作用是向工程装备上的各用电设备供电，以满足工程装备用电需要。工程装备电源系统主要由发电机、蓄电池和调节器等组成。

发电机和蓄电池在工程装备上并联工作，发电机是主要电源，用来给用电装置供电和给蓄电池充电。蓄电池是辅助电源，主要用来给起动机供电。它们配合工作的情况如下：

（1）起动发动机时，由蓄电池向起动机、仪表等用电设备供电。

（2）当发动机低速运转时，由蓄电池和发电机联合向用电设备供电。

（3）当发动机正常运转时，发电机电压高于蓄电池电动势，由发电机向全部用电设备供电，并向蓄电池充电，将发电机剩余电能转换为化学能储存起来。

（4）发电机过载时，蓄电池和发电机共同向用电设备供电。

在工程装备电源系统的组成中，调节器的作用是使发电机在转速变化时，能保持发电机的输出电压在一定的范围内波动。

第一节 蓄电池构造与维修

蓄电池俗称"电瓶"，它是一种可逆的直流电源。既能将化学能转变成电能，也能将电能转换为化学能。这两个过程分别叫蓄电池的充电和放电。

蓄电池的主要作用是：

（1）发动机起动时，给起动机供电。要求在 $5\sim10s$ 内提供给起动机 $200\sim600A$ 的强大电流（个别柴油机的起动电流可高达 $1000A$）。

（2）发电机不工作或输出电压过低时，向用电设备供电。

（3）在发动机短时间内超负荷时，可协助发电机向用电设备供电。

（4）蓄电池存电不足时，可将发电机的电能转变为化学能储存起来。

（5）具有电容器的作用，能吸收瞬间高电压，保护电路中电子元件不被损坏。

一、蓄电池的构造

蓄电池一般由 6 个单格电池串联而成。每个单格电池的电压约为 2V，串联成 12V 以供工程装备选用。工程装备 24V 电源系统选用两只 12V 蓄电池串联使用。例如高速挖掘机由两只 6-Q-150 型蓄电池串联供电，高速装载机和高速推土机都是由两只 1050S 红顶 12V56Ah 傲铁马蓄电池串联供电的。

目前常用的蓄电池有：普通型蓄电池，干荷电蓄电池，免维护蓄电池和螺旋状极板胶体型免维护蓄电池。

（一）普通型蓄电池的构造

各种蓄电池的构造基本相同，如图 1-1 所示，即主要由极板、隔板、电解液、外壳和

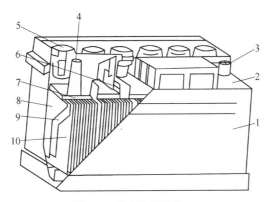

图 1-1 蓄电池的构造

1—塑料电池槽；2—塑料电池盖；3—正极柱；4—负极柱；5—加液孔盖；6—穿壁联条；
7—汇流条；8—负极板；9—隔板；10—正极板

极柱等组成。

1. 极板

极板由栅架和活性物质组成。活性物质填充在铅锑合金的栅架上，如图 1-2 所示。

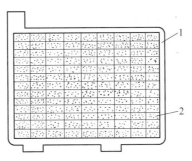

图 1-2 蓄电池极板

1—栅架；2—活性物质

极板是蓄电池的核心部分，可分为正极板和负极板两种。在蓄电池充放电过程中，电能与化学能的相互转换依靠极板上的活性物质与电解液中的硫酸产生化学反应来实现。

栅架是极板的骨架，用以支撑活性物质和起导电作用。由铅锑合金或铅钙锡合金浇铸而成。其结构如图 1-3 所示。

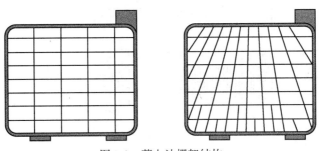

图 1-3 蓄电池栅架结构

极板上的工作物质称为活性物质，主要是由铅粉与一定密度的稀硫酸混合而成。正极板上的活性物质为二氧化铅（PbO_2），呈深棕色；负极板上的活性物质为海绵状纯铅（Pb），呈青灰色。

将一片正极板和一片负极板浸入电解液中，便可得到 2V 左右的电压。为了增大蓄电池的容量，将多片正、负极板分别并联，用汇流条焊接起来便分别组成正、负极板组，其结构如图 1-4 所示。汇流条上浇铸有极柱。安装时，各片正负极板相互嵌合，中间插入隔板后装入电池槽内便形成单格电池。

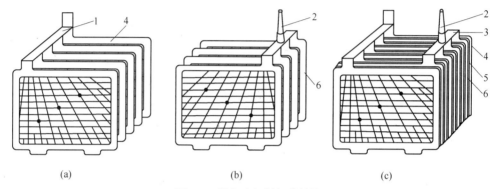

图 1-4　蓄电池极板组的结构

（a）负极板组；（b）正极板组；（c）极板组嵌合情况

1，3—汇流条；2—极柱；4—负极板；5—隔板；6—正极板

为提高蓄电池的比容量（即单位体积提供的容量）和起动性能，故采用薄型极板。为防止正极板两侧活性物质体积变化不一致而造成极板拱曲变形，在每个单格电池中，负极板总比正极板多一片，使正极板夹在负极板之间，这可使其两侧放电均匀。

2. 隔板

为了减小蓄电池内阻和尺寸，正、负极板应尽可能靠近。为了防止相邻正、负极板彼此接触而短路，正负极板之间要用隔板隔开。

隔板应具有多孔性，以便电解液渗透，还应具有良好的耐酸性和抗氧化性。

隔板材料有木质、微孔橡胶和微孔塑料等。微孔橡胶和微孔塑料隔板（结构见图 1-5）耐酸、耐高温性能好，寿命长，且成本低，因此目前广泛使用。

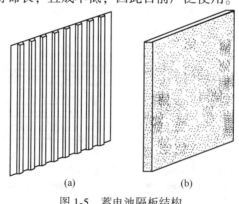

图 1-5　蓄电池隔板结构

（a）塑料隔板；（b）袋式隔板

隔板的结构形状有槽沟状、袋状等。槽沟状隔板比极板面积稍大，一面制有沟槽，安装隔板时，带槽的一面应朝向正极板且沟槽必须与壳体底部垂直。袋状隔板紧包在正极板外部，可防止正极板上活性物质因比较松散而脱落。

3. 电解液

电解液由纯硫酸（相对密度为 1.84）与蒸馏水根据使用地区的气候条件按一定比例配制而成。根据表 1-1，全充电状态下，电解液的相对密度一般为 $1.23 \sim 1.30 \mathrm{g/cm^3}$。电解液的纯度是影响蓄电池性能和使用寿命的重要因素。因此蓄电池用电解液和蒸馏水必须符合专业标准规定。工业用硫酸和普通水中含铜、铁等杂质较多，会加速自放电，故不能用于蓄电池。

表 1-1 不同地区和气温条件下电解液相对密度（25℃）的选择 　　　　（$\mathrm{g/cm^3}$）

地区气候条件	冬 季	夏 季
冬季低于-40℃的地区	1.30	1.26
冬季高于-40℃的地区	1.28	1.24
冬季高于-30℃的地区	1.27	1.24
冬季高于-20℃的地区	1.26	1.23
冬季高于0℃的地区	1.23	1.23

4. 外壳

外壳用来盛装电解液和极板组，外壳应耐酸、耐热、耐振动冲击。蓄电池外壳如图 1-6 所示。

外壳有硬橡胶外壳和聚丙烯塑料外壳两种，塑料外壳不仅耐酸、耐热、耐振动冲击，而且壁薄（厚 2mm，硬橡胶壳体一般为 5mm）、质量轻、且易于热封合，生产效率高，因此目前国内外都已普遍采用。

外壳为整体式结构，壳内由间壁隔成三个或六个互不相通的单格，底部制有凸起的筋条用来搁置极板组。筋条之间的空隙可以积存极板脱落的活性物质，防止正、负极板短路。对于采用袋式隔板的蓄电池（如免维护蓄电池），因为脱落的活性物质存积在袋内，所以可取消筋条。

每个单格电池都有一个加液孔。旋下加液孔盖，可以加注电解液或检测电解液密度；旋入孔盖可防止电解液溅出。孔盖上设有通气孔，该小孔应保持畅通，以便随时排出蓄电池内部化学反应放出的氢气和氧气，防止外壳胀裂和发生事故。

蓄电池盖有硬橡胶盖和聚丙烯塑料盖两种。前者与硬橡胶外壳配用，盖子与外壳之间的缝隙

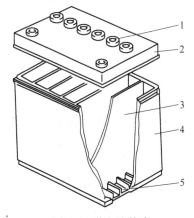

图 1-6 蓄电池外壳
1—注入口；2—盖；3—隔板；4—壳体；5—筋条

用沥青封口剂填封；后者与聚丙烯塑料外壳配用，其盖子为整体结构，与外壳之间采用热接工艺黏合。

5. 极柱

极柱分为正极柱和负极柱。正极柱用"+"表示,涂上红颜色;负极柱用"-"表示,涂上蓝颜色或不涂颜色。极柱用铅锑合金浇铸,一种极柱形状是圆锥形状,正极柱要比负极柱粗些;另外一种极柱形状是孔形,两种极柱适应不同的使用场合。

6. 其他部件

防护板:通常是一片充满小孔的1mm厚橡胶板或塑料板。它放置在极板组的上面,保护极板不被碰伤,还能防止异物使极板短路。

联条:蓄电池各单格电池之间均采用铅质联条串联。联条设装在盖上,是一种传统的连接方式,称为传统式连接。该连接方法不仅浪费材料,而且还会使蓄电池内阻增大,所以此种连接方式正在被穿壁式连接所取代。采用穿壁式连接方式连接单格电池时,所用联条尺寸很小,并装在蓄电池内部,如图1-7所示。

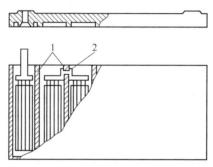

图1-7 单格电池之间穿壁焊接示意图
1—间壁;2—联条

(二) 干荷电铅蓄电池

干荷电铅蓄电池的外观与普通铅蓄电池的内部零件结构及使用效果基本相同。二者的根本区别在于干荷电铅蓄电池的极板在干燥状态下能较长期地保存制造过程中所得到的电荷。

1. 干荷电铅蓄电池材料与制造工艺的特点

干荷电铅蓄电池材料与制造工艺的特点如下。

(1) 在负极板的铅膏中加入了适量的松香、油酸、脂肪酸等防氧化剂,使负极板活性物质每一个颗粒表面形成一层保护膜,防止铅的氧化。

(2) 在极板化成时,适当延长化成时间或采取反复充电、放电深化办法,使活性物质达到最大限度的转化。

(3) 负极板化成后需经过严格的水洗与浸渍,除去残存在负极板上的硫酸,防止海绵状铅硫化和干燥后贮存期间发生"回潮"。

(4) 对负极板进行严格的干燥处理。

2. 干荷电铅蓄电池的使用特点

干荷电铅蓄电池的使用特点如下。

(1) 为使干荷电蓄电池的极板在贮存和装运期间不受潮,应用密封物密封新出厂的干荷电蓄电池的通气孔；在未加注电解液时，切忌打开通气孔塞蜡封或拧开加液口孔塞，以防干荷电蓄电池内部受潮而影响其性能。

（2）电解液必须使用纯净的硫酸和蒸馏水配制，以防止干荷电蓄电池自放电而降低容量。

（3）初次加注电解液几分钟后，电解液液面将有所下降，此时应重新向每个单格电池内添加相同密度的电解液，以恢复原来的电解液液面高度，盖上通气孔塞后即可使用。

（4）虽然干荷电蓄电池能保证起动性能，但是电荷量并非十分充足，因此使用前若有充裕时间，最好用 6A 电流充电 3~4h，以利于使用。

（5）干荷电蓄电池的电解液密度应为 $1.27 \sim 1.29 \mathrm{g/cm^3}$，以保证其有足够高的端电压。

（6）若使用中因故要将干荷电蓄电池停用 1~2 个月，应将其充足电，并将其电解液的密度与液面高度调整至规定值后方可存放；在存放期内，每月应检查一次电解液密度，用以判断其自放电程度，必要时应补充充电。对存放半年以上者，应当采用干贮存法。

（7）低温条件下，初次使用干荷电蓄电池前应进行短时间的快速充电，以提高电解液和蓄电池的温度，改善其使用性能。

（三）免维护蓄电池

免维护铅蓄电池又叫 MF 蓄电池，免维护蓄电池的结构如图 1-8 所示。这种蓄电池在使用过程中不需做任何维护或只需少量的维护工作，就能保证蓄电池良好的技术状态。

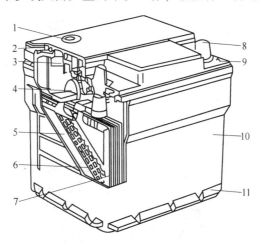

图 1-8　免维护蓄电池的结构

1—内装温度补偿型密度计；2—小排气孔；3—液气隔板；4—极柱接板；5—极板；
6—铅钙栅架；7—隔板；8—极柱；9—代号；10—聚丙烯外壳；11—安装固定底座

1. 结构与材料方面的特点

结构与材料方面的特点如下。

（1）在蓄电池壳内装有集气室，集气室用来收集水蒸气或硫酸蒸气。当水蒸气或硫酸蒸气进入集气室，将其冷却变成流体后，再流回电解液中，从而有效地避免了水分的蒸发。

（2）采用薄壁聚丙烯外壳，取消了底部凸筋，降低了极板组的安装高度，使极板上部容积加大，增加了极板上部电解液的贮存量，延长了补给期限。

（3）采用袋式微孔聚氯乙烯隔板，将极板包住，保证正极板上的活性物质不致脱落，并可防止极板短路。

（4）极板栅架采用铅-钙-锡合金或铅-低锑（含锑 2%～3%）合金，彻底消除或大大减少了锑的副作用。

（5）内部装有温度补偿型密度计，可随时监视蓄电池的存电状况和电解液液面的高低。若从蓄电池盖上玻璃管顶端的观察孔中看到绿色亮点，表示蓄电池技术状态良好；如果看不到绿点而显示为浅绿色，表示电解液密度降低，蓄电池充电不足，应及时补充充电；如果观察到浅黄色或无色，表示蓄电池已无法正常工作，必须更换新品。

2. 免维护蓄电池的使用特点

免维护蓄电池的使用特点如下。

（1）在规定的条件下，使用过程中不需补加蒸馏水（可达 3～4 年）。

（2）自放电少，仅为普通蓄电池的 1/6～1/8，因此可以较长时间（一般为 2 年）湿式贮存。

（3）内阻小，具有较高的放电电压和较好的常温和低温起动性能。

（4）耐过充电性能好。实验证明，在相同的充电电压和温度下，免维护铅蓄电池的过充电电流比普通铅蓄电池小得多，且充满电后可以接近零。

（5）极柱无腐蚀或腐蚀极轻。

（6）耐热、耐振性好，使用寿命长。免维护铅蓄电池的使用寿命一般在四年以上，是普通蓄电池使用寿命的两倍多。

（四）螺旋状极板胶体型免维护蓄电池

螺旋状极板胶体型免维护蓄电池结构如图 1-9 所示，它具有下列特点。

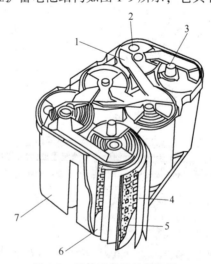

图 1-9　胶体型免维护蓄电池

1—联条；2—通气塞；3—极柱；4—极板；5—隔板；6—胶体电解液；7—壳体

（1）电池极板及隔板呈螺旋紧密捆绑状，使得同样容积极板面积增大（比普通电池几乎大一倍），低温起动电流达 850A。

（2）胶体状电解液黏附在极薄的纤维隔板材料上，零下 40℃ 不会结冰，高温 65℃ 时不会漏液、漏气，可以任何角度固定电池。

（3）自放电极少。它可在不使用状态下放置十个月以上。

（4）过充电性能好。能在 1h 内以 100A 的大电流应急充电。

（5）耐硫化。放电时产生的硫酸铅很难溶解到胶体中，胶体中的硫酸铅也难以返回到极板形成再结晶，因此可在一定程度上防止极板硫化。

（6）内阻大。大电流放电时蓄电池容量有所降低。

二、蓄电池的型号

根据原机械工业部标准《铅蓄电池产品型号编制方法》（JB 2599—1993）规定，蓄电池型号由三部分组成，各部分之间用破折号分开，其含义及排列如图 1-10 所示。

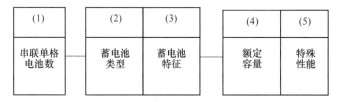

图 1-10　蓄电池型号的含义及排列

图 1-10 中蓄电池型号各部分的含义如下所示：

（1）串联单格电池数。串联单格电池数指一个整体壳体内所包含的单格电池数目，用阿拉伯数字表示。

（2）电池类型。其根据蓄电池主要用途划分。起动型蓄电池用"Q"表示，代号"Q"表示汉字"起"的第一个拼音字母。

（3）蓄电池特征。蓄电池特征为附加部分，仅在同类用途的产品具有某种特征，而在型号中又必须加以区别时采用。如为干荷电蓄电池，则用汉字"干"的第二个拼音字母"A"表示，如为无需（免）维护蓄电池，则用"无"字的第一个拼音字母"W"来表示。当产品同时具有两种特征时，原则上应按表 1-2 所示的顺序用两个代号并列表示。

表 1-2　蓄电池产品特征代号

序号	产品特征	代号	序号	产品特征	代号
1	干荷电	A	7	半密封式	B
2	湿荷电	H	8	液密式	Y
3	免维护	W	9	气密式	Q
4	少维护	S	10	激活式	I
5	防酸式	F	11	带液式	D
6	密封式	M	12	胶质电解液式	J

（4）额定容量。额定容量是指 20h 率额定容量，用阿拉伯数字表示，单位为安培·小时（A·h）。其在型号中可略去不写。一片正极板的设计容量为 15A·h。

（5）特殊性能。在产品具有某些特殊性能时，可用相应的代号加在型号末尾表示。如"G"表示薄型极板的高起动率电池，"S"表示采用工程塑料外壳与热封合工艺的蓄电池。

三、蓄电池的工作原理

蓄电池的工作过程就是化学能与电能的转换过程。放电时，蓄电池将化学能转换为电能供用电设备使用；充电时，蓄电池将电能转换为化学能储存起来备用。蓄电池充放电过程如图 1-11 所示。

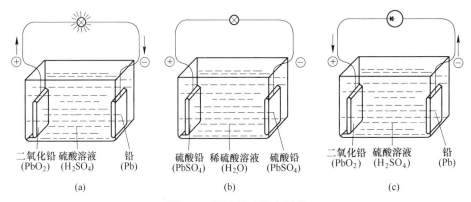

二氧化铅 硫酸溶液 铅
(PbO₂) (H₂SO₄) (Pb)
(a)

硫酸铅 稀硫酸溶液 硫酸铅
(PbSO₄) (H₂O) (PbSO₄)
(b)

二氧化铅 硫酸溶液 铅
(PbO₂) (H₂SO₄) (Pb)
(c)

图 1-11 蓄电池充放电过程
（a）放电过程；（b）放电终了；（c）充电过程

（一）放电过程

将蓄电池的化学能转换成电能的过程称为放电过程，如图 1-11（a）所示。

当放电尚未开始时，正极板是二氧化铅，负极板是纯铅，电解液是硫酸溶液。由于正、负两极不同物质与电解液发生化学反应，使正极板具有正电位，约为 2V；负极板具有负电位，约为 -0.1V，正、负两极间的电动势为 2.1V。

当放电电路接通时，在电动势的作用下，电流便从正极流出，经过灯丝流回负极。电流流过灯丝会使灯丝发热，当电流足够大时，灯泡发出亮光。

在放电过程中，由于正极板上的活性物质二氧化铅和负极板上的活性物质纯铅不断与电解液发生化学反应，因此二氧化铅和纯铅逐渐转变成硫酸铅，正极电位逐渐降低，负极电位逐渐升高，使正、负极间的电位差逐渐降低；电解液中的硫酸成分逐渐减少，水分逐渐增多，使电解液密度逐渐减小。当电位差降低时，流过灯丝的电流就会减小，灯丝发热量相应减少，灯泡亮度变弱，直到不能发光为止，如图 1-11（b）所示。

（二）充电过程

将电能转化成蓄电池的化学能的过程称为充电过程。充电时，蓄电池正极接电源正极，负极接电源负极，如图 1-11（c）所示。

将放电完毕的蓄电池与直流电源接通时，电流就会按与放电时相反的方向流过蓄电池。此时蓄电池内部将发生与放电过程相反的化学反应，正、负极板上的硫酸铅将分别还原为二氧化铅和纯铅，电解液中硫酸成分逐渐增多而水分逐渐减少，电解液密度逐渐增大。

在充电过程中，上述化学反应不断进行，充电一直进行到极板上的活性物质完全恢复到放电前的状态为止。在充电末期，电解液相对密度将升高到最大值，充电电流将用于电解水，所以在电解液中将产生大量气泡。

综上所述，蓄电池充放电过程中的化学反应是可逆的，总的反应式如下：

$$PbO_2 + 2H_2SO_4 + Pb \Longleftrightarrow 2PbSO_4 + 2H_2O$$

四、蓄电池的工作参数

蓄电池的主要工作参数有电解液的相对密度、静止电动势、端电压、电流、内阻、容量等。

(一) 相对密度

电解液的相对密度是指电解液中硫酸成分所占的比例。实测密度应按式（1-1）换算成 25℃ 时的相对密度 $\rho_{25℃}$：

$$\rho_{25℃} = \rho_T + \beta_{(T-25)} \tag{1-1}$$

式中 ρ_T——实测电解液密度，g/cm^3；

     T——实测电解液温度，℃；

     β——密度温度系数（$\beta = 0.0007$），即温度每升高 1℃，密度将降低 $0.0007g/cm^3$。

(二) 静止电动势

蓄电池处于静止状态时，正负极板之间的电位差称为静止电动势。静止电动势的高低与电解液的相对密度和温度有关，在密度为 $1.05 \sim 1.30g/cm^3$ 范围内，静止电动势 E_s 可用经验公式（1-2）计算：

$$E_s = 0.85 + \rho_{25℃}(V) \tag{1-2}$$

工程装备用蓄电池电解液的密度在充电时增大，放电时减小，一般在 $1.12 \sim 1.30g/cm^3$ 之间变化，因此其静止电动势相应地在 $1.97 \sim 2.15V$ 之间变化。

(三) 内阻

电流流过蓄电池时所受到的阻力称为蓄电池的内阻。蓄电池的内阻包括极板电阻、隔板电阻、电解液电阻、联条电阻和极柱电阻。在正常状态下，蓄电池的内阻很小，所以能够供给几百安培甚至上千安培的起动电流。

极板电阻很小，且随极板上活性物质的变化而变化。充电时电阻变小，放电时电阻变大，特别是在放电终了时，由于活性物质转变成为导电性能较差的硫酸铅，因此电阻大大增加。

隔板电阻与材料有关。木质隔板多孔性差，所以电阻比微孔橡胶和塑料隔板的电阻大；隔板越薄，电阻越小。

电解液电阻与其温度和密度有关。如 6-Q-75 型蓄电池在温度为 40℃ 时的内阻为 0.010Ω，而在 -20℃ 的内阻为 0.019Ω，可见内阻随温度降低而增大。

电解液电阻与密度的关系如图 1-12 所示。由图可见，电解液相对密度为 1.20 时，硫酸的离解度最好，黏度较小，所以电阻最小。

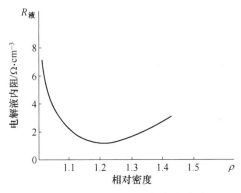

图 1-12　电解液电阻与密度的关系

（四）容量

蓄电池的容量是指在规定的放电条件（放电电流、放电温度和终止电压）下，蓄电池能够输出的电量，用 C 表示。

当恒流放电时，蓄电池的容量等于放电电流与放电时间之积，即

$$C = I_f \cdot t_f \qquad\qquad (1-3)$$

式中　C——蓄电池容量，A·h；

　　　I_f——放电电流，A；

　　　t_f——放电持续时间，h。

蓄电池容量是反映蓄电池对外供电能力、衡量蓄电池质量优劣以及选用蓄电池的重要指标。容量越大，可提供的电能越多，供电能力也就越大；反之，容量越小，则供电能力也就越小。蓄电池的容量与放电电流、电解液温度、放电终止电压和放电持续时间有关。

为了准确表示出蓄电池的容量，要规定蓄电池的放电条件。在一定放电条件下，蓄电池的容量分为额定容量、储备容量和起动容量。

1. 额定容量

蓄电池的额定容量用 20h 率额定容量表示。根据国标《起动用铅酸蓄电池技术条件》（GB/T 5008.1—2005）规定：蓄电池在完全充足电 1～5h 内，在电解液温度为 25℃±5℃ 条件下，以 20h 率的放电电流（即 $0.05C_{20}$ 安培电流）连续放电至 12V 蓄电池的端电压降到 10.50V±0.05V 时输出的电量，用 C_{20} 表示，单位为 A·h。

额定容量是检验蓄电池质量的重要指标，新蓄电池必须达到该指标，否则为不合格产品。

2. 储备容量

根据国标《起动用铅酸蓄电池技术条件》（GB/T 5008.1—2005）规定：蓄电池在完全充足电 1～5h 内，在电解液温度为 25℃±2℃ 条件下，以 25A 恒流连续放电至 12V 蓄电池电压降到 10.50V±0.05V 时，放电所持续的时间称为蓄电池储备容量。

储备容量表达了在工程装备充电系统失效的情况下，蓄电池能为照明和点火系统等用

电设备提供 25A 恒流的能力。

3. 起动容量

起动容量表示蓄电池接起动机时的供电能力，有常温和低温两种起动容量。

（1）常温起动容量。常温起动容量是电解液温度为 25℃时，以 5min 率放电率的电流（3 倍额定容量的电流）连续放电至规定的终止电压（6V 蓄电池为 4.5V，12V 蓄电池为 9V）时所输出的电量，其放电持续时间应在 5min 以上。

（2）低温起动容量。低温起动容量是电解液温度为 −18℃时，以 3 倍额定容量的电流连续放电至规定的终止电压（12V 蓄电池为 6V）时所放出的电量，其放电持续时间应在 2.5min 以上。

五、蓄电池的常见故障

蓄电池在使用中出现的故障，除材料和工艺方面的原因之外，大多数情况下都是由于使用维护不当而造成的。

蓄电池外部故障常见的有壳体裂纹、极柱腐蚀或松动等；内部故障有极板硫化、活性物质大量脱落、内部短路、自行放电等。

（一）极板硫化

极板上生成白色粗晶粒硫酸铅（霜状物）的现象称为"硫酸铅硬化"，简称"硫化"。

极板硫化产生的粗晶粒硫酸铅导电性能很差，正常充电很难还原为二氧化铅和海绵状铅。由于晶粒粗、体积大，会堵塞活性物质的孔隙，阻碍电解液的渗透和扩散，因此蓄电池的内阻显著增大，起动时不能供给大电流，以致不能起动发动机。

硫化蓄电池在充电和放电时都会出现异常现象。在放电时，由于内阻增大，因此电压急剧下降，不能持续供给起动电流；在充电时，由于内阻大，因此充电电压显著升高，12V 蓄电池的充电电压达 16.8V 以上。硫化越严重，充电电压越高，实测表明：严重硫化的蓄电池充电电压高达 30V 以上，同时由于还原性差，因此密度上升很慢，而温度上升很快，且过早出现"沸腾"现象。极板硫化主要包括如下原因。

（1）蓄电池长期充电不足或放电后不及时充电。当温度变化时，硫酸铅发生再结晶是形成硫化的根本原因。在正常情况下放电时，极板上生成的硫酸铅晶粒较小，导电性能相对较好，充电时能够还原为二氧化铅和铅。但是，当长期处于放电状态时，极板上的硫酸铅将部分溶解，温度越高，溶解度越大；当温度降低时，溶解度随之减小，以致出现过饱和现象，这时部分硫酸铅就会从电解液中析出，并再次结晶生成更大晶粒的硫酸铅附着在极板表面而形成硫化。

（2）蓄电池电解液液面过低。当电解液液面过低时，在工程装备作业过程中，由于电解液上下波动，极板（主要是负极板）露出液面部分与空气接触而被强烈氧化，极板氧化部分与波动的电解液接触，就会逐渐形成粗晶粒硫酸铅硬化层而使极板上部产生硫化。

（3）电解液相对密度过高、电解液不纯和气温剧烈变化也将促进硫化。因为电解液相对密度过高时，电池内部化学反应加快，活性物质变成硫酸铅的速度加快，所以容易形成硫化。

由此可见，避免硫化的主要措施是保持蓄电池经常处于充足电状态。蓄电池在工程装备上虽有充电系统为其充电，但只能保证基本充足，因此应当定期（两个月）将其取下送充电间充足电；对于放完电的蓄电池，应及时进行充电；电解液液面高度应符合规定。对于已经硫化的蓄电池，如不严重，则可采用较小电流进行充电予以排除。

（二）活性物质大量脱落

活性物质脱落主要是正极板上的活性物质脱落，是蓄电池过早损坏的主要原因之一。

活性物质大量脱落的特征是：电解液中有沉淀物，充电时电解液浑浊，呈棕色液体；蓄电池输出容量显著减小。

蓄电池在充电过程中，极板上活性物质的体积随时都在膨胀或收缩；蓄电池充足电时，极板孔隙中逸出大量气泡，在极板内部形成一定压力，从而导致活性物质容易脱落。因此，如果使用不当，就会造成活性物质大量脱落。

导致活性物质大量脱落的原因是：极板质量差，充、放电电流过大，充电时间过长，低温大电流放电。大电流放电，特别是低温大电流放电时，极板易拱曲变形而导致活性物质脱落。因此，蓄电池充电电流不能过大。在实际充电中，当蓄电池基本充足电时，应将充电电流减小一半。

（三）故障性自行放电

充足电的蓄电池在无负载状态下，电量自行消失的现象称为"自行放电"或"自放电"。蓄电池自放电是不可避免的，这是由其构造因素决定的，因为栅架、活性物质和电解液等不可能绝对纯净。对于充足电的蓄电池，若一昼夜容量损失不超过2%，则属于正常自放电，否则为故障性自放电。故障性自放电的主要原因是：

（1）电解液杂质含量过多，这些杂质在极板周围形成局部电池而产生自行放电。例如，当电解液中杂质含量达1%时，一昼夜会将蓄电池全部放电。

（2）蓄电池内部短路引起自放电。例如，隔板或壳体隔壁破裂、极板活性物质大量脱落而沉淀于极板下部，都将使正负极板短路而引起自行放电。

（3）蓄电池盖上洒有电解液时，会造成自放电，同时还会使极柱腐蚀。

避免蓄电池产生自放电故障必须注意以下几点：

（1）配置电解液必须使用符合国标《蓄电池用硫酸》（HG/T 2692—2015）规定的蓄电池专用硫酸和符合专业标准《铅酸蓄电池用水》（JB/T 10053—2010）规定的蒸馏水。

（2）配置电解液所用器皿必须是耐酸材料制作的，配好的电解液应妥善保存，严防掉入脏物。

（3）蓄电池加液孔螺塞要盖好，以免掉入杂质。

（4）蓄电池表面经常保持清洁。如有酸泥等脏物，要用清水冲洗干净。

对于自行放电严重的蓄电池，可将其完全放电或过度放电，使极板上的杂质进入电解液，然后将电解液倒出，灌入新电解液重新充电。

（四）极板短路

极板短路故障的现象为开路电压较低（严重短路时，12V蓄电池的端电压只有10V），大电流放电时端电压迅速下降，甚至降低到零；充电过程中，电压与电解液相对密度上升缓慢，甚至保持很低的数值就不再上升，充电末期气泡很少，但电解液温度却迅速升高。

极板短路的原因主要有：隔板质量不高或损坏使正负极板相接触而短路；活性物质在蓄电池底部沉积过多，金属导电物落入正负极板之间也将造成蓄电池内部极板短路。

对于短路的蓄电池必须拆开，查明原因后排除。

六、蓄电池的充电方法与充电工艺

蓄电池是一种能量转换装置。将充电电源的电能转换为蓄电池化学能的过程称为充电。为使蓄电池保持一定容量和延长蓄电池的使用寿命，必须对蓄电池进行充电。

（一）充电方法

蓄电池的充电方法分为常规充电法和快速充电法两种。常规充电法有定流充电和定压充电两种。

1. 定流充电法

定流充电法，就是将充电过程分为两个阶段，在每个阶段中都保持恒定的充电电流，如图 1-13 所示。第一阶段的充电电流定为蓄电池额定容量的 1/15（初充电）或 1/10（补充充电）。充电中，当单格电压上升到 2.4V 左右、电解液中开始冒气泡时，转入第二阶段充电，并将充电电流减小一半，直至出现充足电的标志（即电解液大量冒气泡"沸腾"、电解液密度和端电压达到最大值且在 2~3h 不变）为止。采用该方法充电，可将蓄电池串联在一起充，充电时每个单格需要 2.75V 电压，故串联的单格电池总数不应超过 $n=$ 充电机额定电压/16.5，串联的蓄电池容量最好相同，否则充电电流必须以容量最小的来确定，待其充足后取下，再继续充容量大的蓄电池。该充电法由于充电电流较小，可以任意选择与调整，既可减少活性物质脱落，又能保证蓄电池彻底充足。因此，在充电间充电广泛采用该充电法，其适用于各种不同条件（新蓄电池的初充电、使用中的蓄电池补充充电以及去硫充电等）下的蓄电池充电，但充电时间长，完成一次初充电大约需要45~65h，完成一次补充充电需要 13~16h。

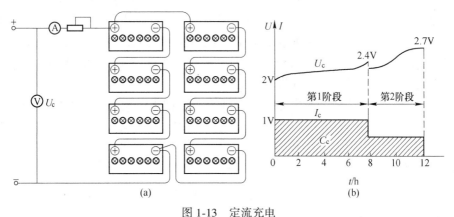

图 1-13　定流充电

（a）连接简图；（b）充电特性曲线

2. 定压充电法

在充电的全过程中，电压始终保持不变的充电方法，如图 1-14 所示。该充电方法为工程装备自身所采用的充电方法。在充电开始时，充电电流很大。但随着蓄电池电动势的升高，充电电流会逐渐减小，充电终了时其电流自动减小到零，使充电自动停止不用调整。采用定压充电法，可大大缩短充电时间，充电 4~5h，蓄电池就可获得 90%~95% 的容量。但充电电流不能调整，所以不能保证蓄电池彻底充足电，该方法不适合于蓄电池的初充电和去硫化充电。

定压充电需要正确选择好充电电压。若充电电压过高，不仅充电初期充电电流过大，易造成蓄电池过充电，还会使电解液温度过高，引起活性物质脱落。所以充电电压通常按每单格电池约 2.4~2.5V 计算，如对 24V 蓄电池充电，充电电压应定为 28.8~30V。充电时，蓄电池应与充电机并联。

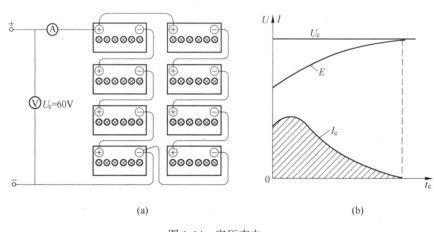

图 1-14 定压充电

(a) 连接简图；(b) 充电特性曲线

3. 快速充电法

充电初期采用较大的充电电流，使蓄电池在较短的时间内达到额定容量的 60% 左右。当单格电压上升到 2.4V，电解液开始分解冒气泡时，由控制电路控制转入脉冲充电。转入脉冲充电后，先停止充电 24~40ms，接着放电或反向充电，使蓄电池反向通过一个较大的脉冲电流（脉冲宽度为 150~1000μs，脉冲幅度为 1.5~3 倍的充电电流），然后停放 25ms，最后按脉冲期循环充电循环直至充足。

该充电方法显著的特点是充电速度快，即充电时间大大缩短。初充电只需 5h 左右，补充充电仅需 1h 左右。采用这种方法充电的缺点是由于充电速度快，析出的气体总量虽减少，但出气率高，对极板活性物质的冲刷力强，故使活性物质易脱落，因而对极板的寿命有一定的影响。

(二) 充电工艺

根据不同技术状况的蓄电池，蓄电池的充电工艺可分为初充电、补充充电和去硫化充电三种。对新蓄电池或更换极板后的蓄电池进行的首次充电，称为初充电。蓄电池使用后的各次充电，称为补充充电。消除硫化的充电工艺称为去硫充电。

1. 初充电

新蓄电池（干荷电蓄电池除外）或大修后的蓄电池，在使用前进行的首次充电称为初充电。其目的在于消除极板表面上的硫酸铅，增加活性物质的多孔性，保证蓄电池能输出额定容量。

初充电的程序如下：

（1）检查蓄电池外壳有无破裂，拧下加液口盖的螺塞，检查通气孔是否畅通。

（2）根据使用地区的气温选定好电解液的密度，将适当密度温度低于30℃的电解液从加液口处缓缓加入蓄电池内。

（3）蓄电池加入电解液后，静止3~6h，让电解液充分浸渍极板。此时由于电解液充分渗透到极板内部，液面会有所下降，应再加入电解液调整，液面要高出极板上沿10~15mm。

（4）按定流充电法将被充蓄电池连接好。

（5）根据蓄电池型号选定相应的充电电流。

（6）接通电源，按第一阶段的充电电流（$Q/15$）充电，待到电解液中冒出较多气泡，单格电池电压上升至2.4V时，转入第二阶段充电（充电电流为$Q/30$）。

整个充电时间约需45~65h。

注意事项：

（1）充电过程中必须经常测量电解液的温度（一般第一阶段每小时检查一次，第二阶段每半小时检查一次）。当电解液温度上升至40℃时，应立即将充电电流减小一半，若温度继续升高至45℃时，应暂停充电，待温度降到35℃以下时再继续充电。

（2）充电结束后，如电解液的密度不符合规定值，可用蒸馏水或相对密度为1.4的稀硫酸进行调整，并再充电2h，使电解液相对密度均匀。

（3）对新启用的蓄电池，在充足电后还应以20h的放电率进行放电，若不到额定容量的90%，还必须再充电和放电锻炼，直至输出容量达到额定容量的90%以上之后，再按定流阶段充电法将电池充足。但第一阶段的充电电流改为额定容量的1/10，第二阶段电流减半。

（4）充电时应打开加液孔盖，保持充电室通风排气，不得有明火。同时还应做到充电设备和被充蓄电池不能放在同一房间内，在充电时先接线后开机，摘除时先关机后拆线等。

2. 补充充电

使用中的蓄电池，如果发现起动机运转无力，灯光比平时暗淡；冬季放电超过25%，夏季放电超过50%；储存不用已近一个月的普通蓄电池或在工程装备上连续使用两个月的蓄电池，均应进行一次补充充电。

补充充电具体步骤如下：

（1）清除蓄电池盖上的脏污，疏通加液孔盖上的通气小孔，清除极柱上的氧化物。

（2）拧下加液孔盖，检查电解液的液面高度，如果高度不符合要求，应添加蒸馏水，但如果确定是电解液逸出导致液面下降，则应用相对密度为1.4的稀硫酸调配，电解液液面高出极板上缘10~15mm。

（3）将蓄电池与充电机相连，确定充电电流。第一阶段充电电流为 $Q/10$，第二阶段充电电流为 $Q/20$，充电过程中必须经常测量电解液的温度。

（4）将加液口盖拧紧，擦净蓄电池表面，便可使用。

3. 去硫化充电

蓄电池发生硫化现象以后，内阻将显著增大，充电时温升也较快。硫化严重的蓄电池就只能报废，硫化程度较轻的可以用去硫充电法加以消除。具体操作如下：

（1）首先倒出蓄电池内的电解液，用蒸馏水冲洗两次后，再加入足够的蒸馏水。

（2）接通充电电路，将电流调到初充电第二阶段电流进行充电。当密度升到 1.15g/cm^3 时，倒出电解液，换加蒸馏水再次充电，直到密度不再增加为止。

（3）以 20h 放电率放电，当单格电压下降到 1.75V 时，再以补充充电的电流进行充电。如此充放电循环，直到输出容量达到额定容量的 80%以上后，即可投入使用。

七、蓄电池的使用与技术状态检查

蓄电池的电气性能和使用寿命不仅取决于蓄电池产品结构和质量，而且在很大程度上取决于蓄电池的使用情况和使用过程中是否进行认真、细致的维护。因此，必须正确使用并做好使用中的维护工作，才能保证蓄电池特性的正常发挥并延长蓄电池的使用寿命。

（一）蓄电池的使用

蓄电池使用时的注意事项：

（1）大电流放电时间不宜过长，使用起动机每次时间不超过 5s，相邻两次起动之间隔 15s 以上。

（2）充电电压不能过高，当充电电压增高 10%～12%时，蓄电池的寿命将会缩短 2/3 左右。

（3）尽量避免蓄电池过放电和长期处于欠电状态下工作，放完电的蓄电池应在 24h 内充电。

（4）冬季使用蓄电池，要特别注意保持充足电状态，以免电解液密度偏低而结冰。在不结冰的前提下，尽可能采用密度偏低的电解液，如液面过低，需添加蒸馏水时只能在充电前进行，尽可能地使水和电解液混合。冷车起动前，注意发动机的预热。

（二）蓄电池的正确维护

为了使蓄电池经常处于完好的技术状态，对正在使用的蓄电池，应做好以下维护工作：

（1）要保持蓄电池外部的清洁，经常清除蓄电池上的灰尘、泥土和极柱、电线头上的氧化物，擦去电池上部和外表面的电解液和污物。

（2）检查蓄电池在车上安装是否牢靠，极柱是否晃动，接线是否紧固。

（3）检查和调整各单格电池内电解液的液面高度。

（4）根据当时的季节，及时调整电解液密度。

（5）检查并疏通加液孔盖上的通气孔。

（6）经常检查蓄电池的放电程度。如低于规定值，要立即进行补充充电。

（三）蓄电池的技术状态检查

为了及时发现蓄电池在使用中产生的各种内在故障，冬季使用 10～15 天，夏季使用 5～6 天，需对蓄电池进行电解液液面高度和放电程度检查。

1. 检查电解液的液面高度

蓄电池电解液液面应高出极板上缘 10～15mm。蓄电池在使用过程中，由于电解液中水的蒸发及过充造成的水的分解，液面会有所下降，液面过低容易引起极板上部的硫化。所以对蓄电池的液面高度应做定期检查，液面高度的测量方法可用玻璃管来测量。对于透明塑料外壳的，可直接观察液面是否与外壳上的标记相对应。电解液液面高度的检查方法如图 1-15 所示。若发现电解液不足时应及时添加蒸馏水。除非确知液面降低是由于电解液逸出所致，否则一般不允许加入硫酸溶液，加注蒸馏水时，高度不要超出上限，以防电解液溢出腐蚀机体和电线。

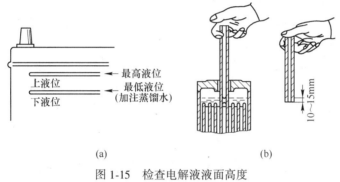

图 1-15　检查电解液液面高度

（a）透明壳体；（b）不透明壳体

2. 检查蓄电池放电程度

放电程度是反映蓄电池供电能力的重要指标之一。放电程度越大，则供电能力越小；反之，放电程度越小，则供电能力越大。

放电程度的大小，既可通过测量电解液的相对密度进行换算，也可通过检测蓄电池大负荷放电时的端电压进行判定。

（1）检测电解液相对密度来检查蓄电池放电程度。如图 1-16 所示，电解液的相对密度可用吸式密度计检测。测量电解液相对密度时，必须同时测量电解液的温度，以便将不同温度时测得的相对密度值换算成标准温度（25℃）时的相对密度值。实践经验表明，电解液密度每减少 $0.01g/cm^3$，相当于蓄电池放电 6%。

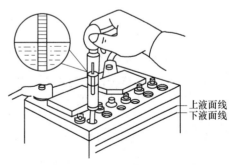

图 1-16　测量电解液的相对密度

（2）利用高率放电计检测蓄电池放电程度。高率放电计是模拟接入起动机负荷，测量蓄电池在大电流（接近起动机起动电流）放电时的端电压，用以判断铅蓄电池的放电程度和起动能力的一种测量工具。它由一个电压表和一只放电电阻组成，使用时可参照原厂说明书规定。

（3）就车起动放电检测蓄电池放电程度。在工程装备上连续几次使用起动机，若都能顺利起动发动机，说明蓄电池存电充足；若起动机旋转无力或不能旋转，说明蓄电池放电过多或有故障。

当夜间接通前照灯并使用起动机时，若起动机旋转有力、灯光稍微变暗，说明蓄电池存电充足；若起动机旋转无力、灯光暗淡，说明蓄电池放电过多，若不能带动发动机旋转，且灯光暗淡、灯丝变红甚至熄灭，说明蓄电池严重亏电或有硫化故障。

3. 利用充电现象判断蓄电池故障

蓄电池进行充电过程中，利用充电时出现的现象，可以判断蓄电池有无故障。蓄电池充电时，若端电压和电解液密度等参数的变化规律符合充电特性，电解液温度也在正常范围内变化，说明蓄电池技术状态良好；反之则有故障。

（1）严重硫化的判断。当按正常充电电流充电时，如果蓄电池严重硫化，一开始充电其充电电压就会高达 16.8V 以上，并大量冒气泡；充电过程中电解液温升很快，而密度基本不变。这是因为蓄电池严重硫化后，内阻显著增大，所以内部压降和电解液温度升高，需要的充电电压相应的升高。

（2）活性物质严重脱落的判断。活性物质严重脱落后，电解液中沉淀物较多，因此充电时电解液浑浊并呈棕色液体；充电终了现象提早出现，蓄电池输出容量显著减小。

（3）严重短路的判断。当蓄电池某单格的极板严重短路后，在充电过程中，该单格的电液密度基本不变并无气泡产生。

第二节　交流发电机的构造与维修

发电机是工程装备电源系统的主要设备，是工程装备的主要电源。其功用是：在发动机怠速转速以上运转时，向除起动机以外的所有用电设备供电，同时还向蓄电池充电。

一、交流发电机的分类与型号

（一）交流发电机分类

交流发电机可按总体结构、整流器结构和搭铁形式进行分类。

（1）按总体结构不同，交流发电机可分为：

1）普通交流发电机：既无特殊装置，也无特殊功能和特点的交流发电机，称为普通交流发电机。

2）整体式交流发电机：即内装电子调节器的交流发电机。

3）无刷交流发电机：即没有电刷和集电环（滑环）结构的交流发电机。

4）带泵交流发电机：即带真空制动助力泵的交流发电机。

5）永磁交流发电机：即转子磁极采用永磁材料制成的交流发电机。

（2）按整流器结构不同，交流发电机可分为：

1）六管交流发电机：即整流器由六只整流二极管组成三相桥式全波整流电路的交流发电机。

2）八管交流发电机：即整流器总成由八只二极管组成的交流发电机。

3）九管交流发电机：即整流器总成由九只二极管组成的交流发电机。

4）十一管交流发电机：即整流器总成由十一只二极管组成的交流发电机。

（3）按磁场绕组搭铁形式不同，交流发电机分为：

1）内搭铁型交流发电机：即发电机磁场绕组的一端与发电机壳体连接的交流发电机。

2）外搭铁型交流发电机：即磁场绕组的一端经调节器后搭铁的交流发电机。

（二）交流发电机型号

国产交流发电机的型号组成（见图 1-17）如下：

（1）产品代号：交流发电机的产品代号为 JF、JFZ、JFB、JFW 四种，分别表示交流发电机、整体式交流发电机、带泵交流发电机和无刷交流发电机（字母"J"、"F"、"Z"、"B"和"W"分别为"交"、"发"、"整"、"泵"和"无"字的汉语拼音第一个大写字母）。

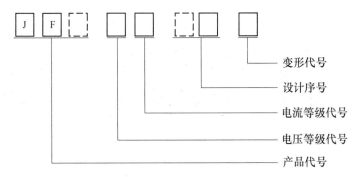

图 1-17　国产交流发电机的型号组成

（2）电压等级代号和电流等级代号：分别用 1 位阿拉伯数字表示，其含义分别见表 1-3 和表 1-4。

表 1-3　电压等级代号

电压等级代号	1	2	3	4	5	6
电压等级/V	12	24	—	—	—	6

表 1-4　电流等级代号

电流等级/A　　产品名称	1	2	3	4	5	6	7	8	9
普通交流发电机	≤19	20~29	30~39	40~49	50~59	60~69	70~79	80~89	≥90
整体式交流发电机									
带泵交流发电机									
无刷交流发电机									
永磁式交流发电机									

（3）设计序号：按产品设计先后顺序，用 1~2 位阿拉伯数字表示。

（4）变形代号：交流发电机以调整臂作为变形代号。从驱动端看，在中间不加标记；在右边时用 Y 表示；在左边时用 Z 表示。

例 1：JF252，表示电压等级为 24V，电流等级为 50~59A，第二次设计的普通交流发电机。

例 2：JFZ1913Z 型交流发电机，其电压等级为 12V、电流等级为大于 90A、第 13 次设计，调整臂在左边的整体式交流发电机。

二、交流发电机的结构

交流发电机基本结构都是由转子、定子、整流器和端盖等几部分组成。交流发电机的零部件组成如图 1-18 所示。

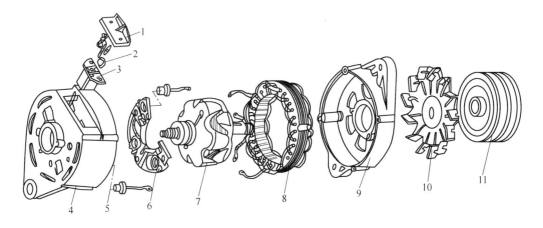

图 1-18　交流发电机零件组成图

1—电刷盖板；2—电刷；3—电刷架；4—后端盖；5—二极管；6—整流板；7—转子；8—定子；
9—前端盖；10—风扇；11—驱动带轮

（一）转子

转子是发电机的磁场部分，主要由转子轴、两块爪形磁极、磁场绕组（又称励磁绕组）、铁芯和滑环组成，如图 1-19 所示。

爪极共有两块，每块爪极上制有 6 个鸟嘴形磁极。两块爪极压装在转子轴上，爪极间的空腔内装有导磁用的铁芯，铁芯（又叫磁轭）压装在转子轴上，铁芯上绕有磁场绕组。爪极和铁芯都是由低碳钢加工制成，励磁绕组用高强度漆包线绕制。

滑环由彼此绝缘的两个铜环组成。滑环压装在转子轴的一端并与转子轴绝缘。磁场绕组的两端分别焊接在两个滑环上。两个铜环分别与发电机后端盖上的两个电刷相接触，两个电刷通过引线分别接在两个螺钉接线柱上。这两个接线柱及为发电机的 F（磁场）接线柱和 "−"（搭铁）接线柱。当两个电刷与直流电源接通时，磁场绕组中便有电流流过，并产生轴向磁通，使一块爪极磁化为北极（即 N 极），另一块爪极磁化为南极（即 S 极），从而形成 6 对相互交错的磁极。

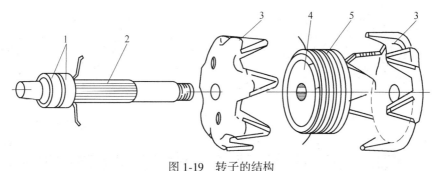

图 1-19 转子的结构

1—滑环；2—转子轴；3—爪极；4—铁芯；5—磁场绕组

（二）定子

定子又称电枢，其作用是产生三相交流电。由定子铁芯与三相绕组组成，如图 1-20 所示。定子铁芯由内圆带槽的环状硅钢片叠压而成。三相绕组由高强度漆包线绕制而成，按一定规律对称安放在定子铁芯槽内。

发电机定子三相绕组普遍采用星形连接方法（简称 Y 接法），如图 1-21 所示。

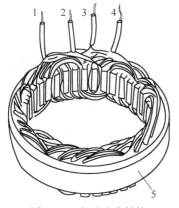

图 1-20 定子总成结构

1，2，3，4—三相绕组；5—定子铁芯

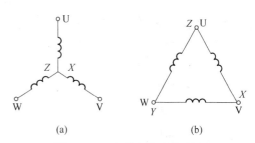

图 1-21 三相绕组的连接方法

（a）Y 接法；（b）△接法

三相绕组应产生频率相同、幅值相等、相位互差 120° 电角度的三相对称电动势，其结构应符合如下要求：

（1）每相绕组串联的线圈个数应与磁极对数相等。

（2）每个线圈的节距（指每个线圈的两个有效边在定子铁芯上所间隔的槽距数目）相等。

（3）三相绕组的首端在定子铁芯槽内的位置应分别相隔 120° 电角度。

交流发电机定子绕组的展开图如图 1-22 所示。

（三）整流器

交流发电机整流器的作用是将三相定子绕组产生的交流电变换为直流电输出，同时还可阻止蓄电池的电流向发电机倒流。整流器一般由 6 只硅整流二极管和安装整流管的散热

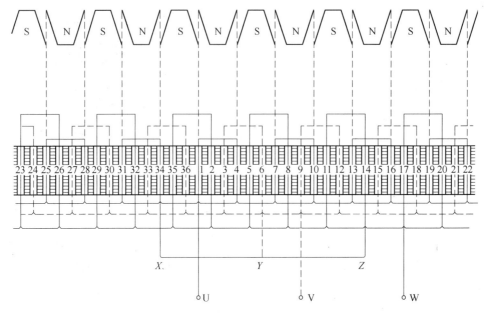

图 1-22 交流发电机定子绕组展开图

板组成。

交流发电机用硅整流二极管的结构如图 1-23 所示。图 1-23（a）所示二极管（简称 a 型）是将二极管的外壳用焊锡焊到金属散热板上；图 1-23（b）所示二极管（简称 b 型）是将二极管的整流结（即 PN 结）直接烧结在金属散热板上；图 1-23（c）所示二极管（简称 c 型）是将二极管做成扁圆形，既可焊在金属散热板上，也可夹在两块金属板之间使用；图 1-23（d）所示二极管（简称 d 型）是将二极管压装在金属散热板上的孔中使用。在这四种类型的二极管中，b、d 两种形式应用最广。

交流发电机用整流二极管有正二极管与负二极管之分。一只普通交流发电机具有三只正二极管和三只负二极管。正二极管，中心引线为二极管的正极，外壳为负极，在管壳底上有红色标记。负二极管，中心引线为二极管的负极，外壳为正极，在管壳底上有绿色或黑色标记。

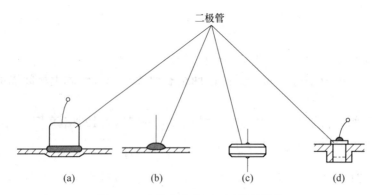

图 1-23 交流发电机用二极管的结构

（a）a 型二极管；（b）b 型二极管；（c）c 型二极管；（d）d 型二极管

安装整流二极管的铝质散热板称为整流板。现代交流发电机的整流器多数都有两块整流板。安装三只正二极管的整流板称为正整流板；在正整流板上制有一个"输出"端子，该端子为发电机的正极，标记为"B"、"A"或"+"。安装三只负二极管的整流板称为负整流板，此整流板与发电机后端盖相连，作为发电机的"E"（"-"）柱。有的交流发电机只有正整流板而没有负整流板，三只负二极管直接压装在发电机的后端盖上，即后端盖相当于负整流板。二极管安装示意图如图1-24所示。

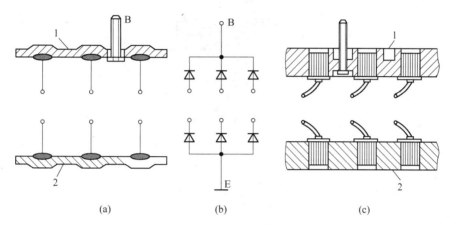

（a）　　　　　　　　　（b）　　　　　　　　　（c）

图1-24　二极管安装示意图

（a）焊接式；（b）电路图；（c）压装式

1—正整流板；2—负整流板

整流器的形状各异，如图1-25所示为JF1522A型交流发电机整流器总成示意图。

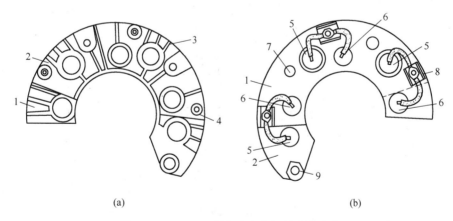

（a）　　　　　　　　　　　　　　（b）

图1-25　JF1522A型交流发电机整流器总成

（a）整流板；（b）整流器总成

1—负整流板；2—正整流板；3—散热筋条；4—连接螺栓；5—正二极管；6—负二极管；

7—安装孔；8—绝缘垫片；9—输出端子安装孔

（四）端盖与电刷组件

交流发电机的前、后端盖均用铝合金压铸或用砂模铸造而成，具有质量轻、散热性能好等优点。

在后端盖上装有电刷组件。电刷组件由电刷、电刷架和电刷弹簧组成。两只电刷装在电刷架内的方孔内，利用弹簧的压力使其与滑环保持良好的接触。电刷组件的安装现在普遍采用外装式，如图1-26所示。

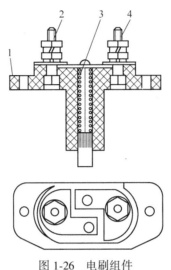

图1-26　电刷组件

1—电刷架；2，4—"磁场"端子；3—电刷与电刷弹簧

若搭铁电刷的引线用螺钉直接固定到发电机后端盖上（标记"－"），此方式称为内搭铁；如果此电刷引出线与机壳绝缘接到后端盖外部的接线柱上（标记"F_2"），这种搭铁方式称为外搭铁型，如图1-27所示。

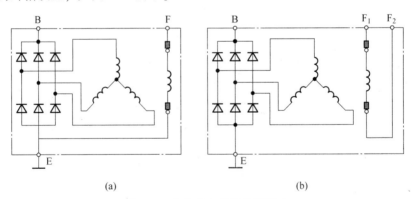

图1-27　交流发电机的搭铁形式

（a）内搭铁型交流发电机；（b）外搭铁型交流发电机

（五）传动散热装置

交流发电机前端盖之前装有驱动带轮，由发动机通过驱动带带动驱动带轮旋转，转子随驱动带轮一同旋转。

交流发电机的通风散热依靠风扇来完成。风扇用铝合金板或钢板冲压而成。发电机有1~2个风扇。

在前、后端盖上制有通风口，当风扇与驱动带轮一起转动时，空气便从进风口流入，经发电机内部再从出风口流出，由此便将内部热量带出，达到散热目的。

三、交流发电机的工作原理

(一) 发电原理

交流发电机的基本原理是电磁感应原理，如图 1-28 所示。当点火开关 SW 接通时，磁场绕组中就有电流流过，产生轴向磁通，两块爪形磁极被磁化，形成了 6 对相间排列的磁极。磁极的磁力线经过转子与定子之间的气隙、定子铁芯形成闭合磁路。

当转子旋转时，因为定子绕组与磁力线之间会产生相对运动，定子绕组就会切割磁力线，所以在三相绕组中就会感应产生频率相同、幅值相等、相位互差120°电角度的正弦交流电动势 e_U、e_V、e_W，波形如图 1-28 (b) 所示。三相绕组中交流电动势瞬时值表达式为：

$$e_U = E_\varphi \sin\omega t$$
$$e_V = \sqrt{2} E_\varphi \sin(\omega t - 120°)$$
$$e_W = \sqrt{2} E_\varphi \sin(\omega t - 240°) \tag{1-4}$$

式中，E_φ 是每相电动势的有效值；ω 是电角速度；t 是时间，s。

交流发电机每相绕组中感应产生的电动势的有效值 E_φ 为：

$$E_\varphi = 4.44KWf\Phi = C_e\Phi n$$

式中，K 是绕组系数（交流发电机采用整距集中绕组，$K=1$）；f 是感应电动势的频率，Hz；W 是每相绕组的匝数（匝）；Φ 是磁极磁通，Wb；C_e 是电机结构常数；n 是发电机转速。

由式 (1-4) 可见，在与电机结构有关的常数不变的前提下，每相绕组的电动势有效值的大小和转子的转速及磁极的磁通成正比。

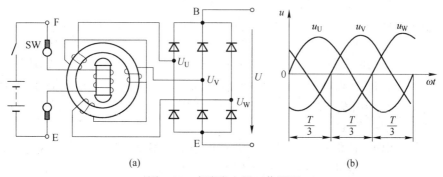

图 1-28 交流发电机工作原理

（a）工程装备交流发电机电路；（b）感应电动势输出波形

(二) 整流原理

利用二极管的单向导电特性，便可把交流电变为直流电。在交流发电机中，6 只二极管组成的三相桥式整流电路如图 1-29 (a) 所示，正极接三相绕组始端 U、V、W 的二极管 VD$_1$、VD$_3$、VD$_5$为正二极管；负极接三相绕组始端 U、V、W 的二极管 VD$_2$、VD$_4$、VD$_6$为负二极管。

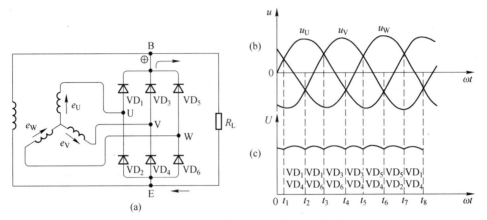

图 1-29 三相桥式整流电路及电压波形

（a）整流电路；（b）绕组电压波形；（c）整流电压波形

1. 二极管导通原则

二极管导通原则如下：

（1）正二极管导通原则。因为三只正二极管（VD$_1$、VD$_3$、VD$_5$）的正极分别接在发电机三相绕组的始端（U、V、W）上，它们的负极又连接在一起，所以三只正二极管的导通原则是：在某一瞬间，正极电位最高者导通。

（2）负二极管导通原则。因为三只负二极管（VD$_2$、VD$_4$、VD$_6$）的正极分别接在发电机三相绕组的始端，它们的正极又连接在一起，所以三只负二极管的导通原则是：在某一瞬间，负极电位最低者导通。

2. 整流过程

根据上述正负二极管的导通原则，交流发电机整流器的整流过程如下：

在 $t=0$ 到 t_1 时间内，W 相电位最高，V 相电位最低，所以二极管 VD$_5$、VD$_4$获得正向电压而导通。电流从 W 相出发，经二极管 VD$_5$、负载电阻 R_L、二极管 VD$_4$回到 V 相构成回路。因为二极管的内阻很小，所以 W 相与 V 相之间的线电压都加在负载电阻 R_L上。

在 $t_1 \sim t_2$ 时间内，U 相电位最高，V 相电位最低，所以二极管 VD$_1$、VD$_4$获得正向电压而导通，电流从 U 相出发，经二极管 VD$_1$、负载电阻 R_L、二极管 VD$_4$回到 V 相。U、V 两相之间的线电压加在负载电阻 R_L上。

在 $t_2 \sim t_3$ 时间内，U 相电位最高，而 W 相电位变为最低，所以二极管 VD$_1$、VD$_6$获得正向电压而导通。U、W 两相之间的线电压加在负载电阻 R_L上。

在 $t_3 \sim t_4$ 时间内，二极管 VD$_3$、VD$_6$导通，V、W 相之间的线电压加在负载电阻上。

6 只二极管导通与截止依次循环，周而复始，在负载电阻两端就可得到一个比较平稳的直流脉动电压 U，电压波形如图 1-29（c）所示，一个周期内有 6 个纹波。

发电机输出直流电压的平均值为：

$$U = 1.35U_L = 2.34U_\Phi \tag{1-5}$$

式中 U——输出直流电压平均值；

U_L——定子绕组输出的线电压的有效值（$U_L = U_\Phi$）；

U_Φ——每相绕组的相电压的有效值。

当交流发电机三相定子绕组采用 Y 接法时，三相绕组三个末端的公共接点，称为三相绕组的中性点，用"N"表示。中性点对发电机的搭铁端是有输出电压的，称为中性点电压，它是通过三只负二极管整流（即三相半波整流）后得到的直流电压，故该点的平均电压等于交流发电机直流输出电压的一半。即

$$U_N = \frac{1}{2}U \tag{1-6}$$

式中　U_N——中性点电压；

　　　U——发电机直流输出电压。

中点电压一般用来控制各种用途的继电器，如磁场继电器、防倒流继电器和充电指示灯等。

（三）励磁方式

交流发电机属自励并励式发电机。由于交流发电机爪极转子的剩磁较弱，低速时（1000r/min 以下）在定子绕组上产生的交流电压值往往达不到二极管正向导通时所需的电压（约 0.6V），于是二极管处于截止状态，磁场线圈得不到电流，发电机磁场不能加强，故硅整流发电机的电压一般在低速时不能自己建立。

为使交流发电机在低速时就能给蓄电池充电，所以在低速时是采用蓄电池供给励磁电流，这种由外电源供给励磁电流的方式叫它励方式。其接线如图 1-30 所示。

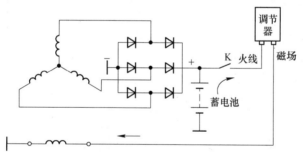

图 1-30　常用的励磁电路

从图 1-30 中可以看出，当开关 K 闭合时，蓄电池便经过开关 K、调节器供给磁场线圈电流，使交流发电机在低速时也能获得较强的磁场。于是交流发电机的输出电压便随其转速的升高很快达到额定值。当发电机输出电压稍高于蓄电池电压时，发电机励磁电流便改由发电机自己供给（励磁方式称自励式）并向蓄电池充电。如发电机不配调节器时，则发电机的电压将随其转速的上升而升高，直到磁场饱和为止。

交流发电机采用低速时它励、高速时自励的励磁方式可使发电机在发动机转速较低的情况下也能向蓄电池充电。

四、常用交流发电机介绍

除上述普通发电机外，目前工程装备上安装的主要还有八管交流发电机、九管交流发

电机、十一管交流发电机和无刷交流发电机，这些发电机一般都制作成整体式交流发电机，下面介绍其结构特点和工作原理。

（一）八管交流发电机

普通交流发电机配装两只中性点二极管后，就变成为八管交流发电机。连接在发电机中性点"N"与输出端"B"以及搭铁端"E"之间的两只整流二极管，称为中性点二极管，如图1-31中VD_7、VD_8所示。其工作原理如下：

（1）中性点瞬时电压u_N高于输出电压平均值U时，二极管VD_7导通，从中性点输出的电流如图1-31中箭头方向所示。其电路为：定子绕组→中性点→二极管VD_7→输出端子"B"→负载和蓄电池→负二极管→定子绕组。

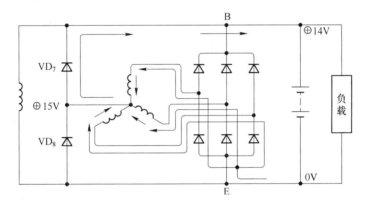

图1-31 中性点瞬时电压u_N高于输出电压U时的电流路径

（2）当中性点瞬时电压u_N低于0V（搭铁电位）时，二极管VD_8导通，流过中性点二极管VD_8的电流如图1-32中箭头方向所示。其电路为：定子绕组→正二极管→输出端子"B"→负载和蓄电池→中性点二极管VD_8→定子绕组。

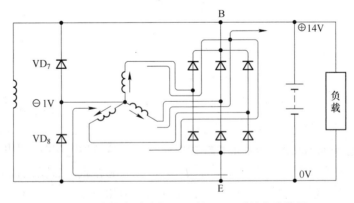

图1-32 中性点瞬时电压u_N低于0V时的电流路径

试验表明，在不改动交流发电机结构的情况下，加装两只中性点二极管后，当发电机中高速（发电机转速超过2000r/min，发动机转速大约超过800r/min）时，其输出功率与额定功率相比可以提高11%~15%。

(二) 九管交流发电机

1. 九管交流发电机结构特点

在普通交流发电机的基础上增设三只小功率二极管 VD_7、VD_8、VD_9，并与三只负二极管 VD_2、VD_4、VD_6 组成三相桥式整流电路来专门供给磁场电流的发电机，称为九管交流发电机，所增设的三只小功率二极管称为磁场二极管。九管交流发电机不仅可以控制充电指示灯来指示蓄电池充电情况，而且能够指示充电系统是否发生故障。其充电系统电路如图 1-33 所示。

当发电机工作时，定子绕组产生的三相交流电动势经 6 只整流二极管 $VD_1 \sim VD_6$ 组成的三相桥式全波整流电路整流后，输出直流电压 U_B 向负载供电并向蓄电池充电。发电机的磁场电流则由三只磁场二极管 VD_7、VD_8、VD_9 与三只负二极管 VD_2、VD_4、VD_6 组成的三相桥式全波整流电路整流后输出的直流电压 U_{D+} 供给。

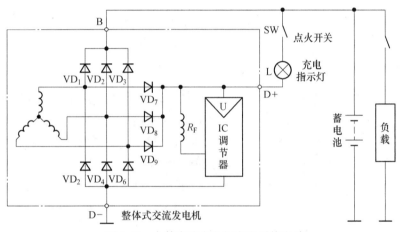

图 1-33 九管交流发电机充电系统电路

2. 充电指示灯工作情况

接通点火开关 SW，蓄电池电流便经点火开关 SW→充电指示灯→发电机端子 "D+"→磁场绕组 R_F→调节器内部大功率三极管→搭铁→蓄电池负极构成回路。此时充电指示灯发亮，指示磁场电流接通并由蓄电池供电。

当发动机起动后，随着发电机转速升高，发电机 "D+" 端电压随之升高，充电指示灯两端的电位差降低，指示灯亮度变暗。当发电机电压升高到蓄电池充电电压时，"B" 端与 "D+" 端电位相等，充电指示灯两端电位差降低到零，指示灯熄灭，指示发电机已正常发电，磁场电流由发电机自己供给。

当发电机高速运转、充电系统发生故障而导致发电机不发电时，因为 "D+" 端无电压输出，所以充电指示灯两端电位差增大而发亮，警告驾驶员及时排除故障。

(三) 十一管交流发电机

整流器总成具有 3 只正二极管（VD_1、VD_3、VD_5）、3 只负二极管（VD_2、VD_4、VD_6）、3 只磁场二极管（VD_7、VD_8、VD_9）和 2 只中性点二极管（VD_{10}、VD_{11}）的交流

发电机，称为十一管交流发电机。其充电系统的典型电路如图 1-34 所示。

十一管交流发电机兼有八管与九管交流发电机的特点和作用，前文已分别介绍，故不赘叙。

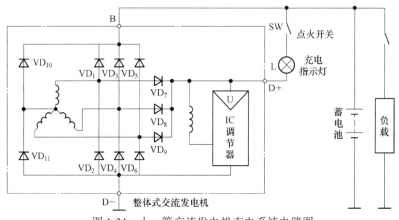

图 1-34　十一管交流发电机充电系统电路图

（四）无刷交流发电机

普通交流发电机采用了旋转的磁场绕组，因此必须采用电刷和集电环（滑环）才能将磁场电流引入磁场绕组。长期使用时，由于集电环与电刷的磨损、接触不良，会造成磁场电流不稳定或发电机不发电等故障。无刷交流发电机，其显著特点是交流发电机内部没有电刷和集电环（滑环），因此可克服上述缺点。

工程装备用无刷交流发电机分为爪极式无刷交流发电机和永磁式无刷交流发电机两类。目前机械车辆大多采用爪极式无刷交流发电机。

1. 爪极式无刷交流发电机结构特点

爪极式无刷交流发电机的结构与普通交流发电机大致相同。图 1-35 所示为国产系列

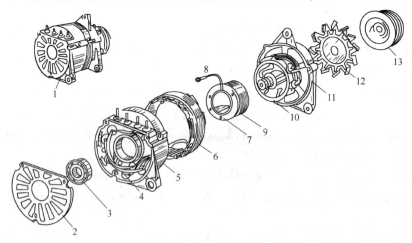

图 1-35　无刷交流发电机外形及零部件组成

1—外形图；2—防护盖；3—后轴承；4—整流二极管；5—磁场绕组托架与后轴承支架；6—定子总成；7—磁轭；
8—磁场绕组引线端子；9—磁场绕组；10—爪极；11—前端盖；12—风扇叶片；13—驱动带轮

无刷交流发电机的外形及零部件组成图。其磁场绕组是静止的且不随转子转动，因此，磁场绕组两端引线可直接引出，从而省去了滑环和电刷形成无刷结构，而爪极在磁场绕组的外围旋转。

爪极式无刷交流发电机的结构原理和磁路如图1-36所示，其特点是磁场绕组通过一个磁轭托架固定在后端盖上。两个爪极中只有一个爪极8直接固定在发电机转子轴上，另一爪极3常用的固定方法有两种，一种方法是用非导磁材料焊接（如铜焊焊接）固定在爪极8上；另一种方法是用非导磁连接环固定在爪极8上。当驱动轮带动转子轴旋转时，一个爪极就带动另一爪极在定子内一起转动。在爪极3的轴向制有一个大圆孔，磁轭托架由此圆孔伸入爪极的空腔内。在磁轭托架与爪极以及与转子磁轭之间均需留出附加间隙 g_1、g_2，以便转子转动。

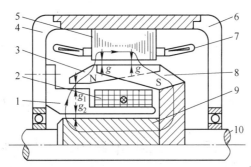

图1-36　爪极式无刷交流发电机结构原理

1—磁轭托架；2—磁场绕组；3，8—爪形磁极；4—后端盖；5—定子铁芯；
6—前端盖；7—定子绕组；9—磁轭；10—转子轴

2. 爪极式无刷交流发电机工作原理

当磁场绕组中有直流电流通过时，其主磁通路径由转子磁轭出发，经附加间隙 g_2 →磁轭托架→附加间隙 g_1 →左边爪极的磁极N→主气隙 g →定子铁芯→主气隙 g →右边爪极的磁极S→转子磁轭形成闭合回路。

由主磁通路径可见：爪形磁极的磁通是单向通道，即左边爪极的磁极全是N极，右边爪极的磁极全是S极，或者相反。这样在转子旋转时，磁力线便交替穿过定子铁心，定子槽中的三相绕组就会感应产生交变电动势，形成三相交流电，经整流器整流后变为直流电供用电设备使用。

五、交流发电机的使用与检修

（一）交流发电机的正确使用

交流发电机的正确使用应注意以下几方面：

（1）交流发电机均为负极搭铁，蓄电池搭铁极性必须与发电机一致。否则蓄电池将正向加在整流二极管上使二极管烧坏。

（2）发电机运转时，不能短接交流发电机的"B"、"E"端子（即用试火花的方法）来检查发电机是否发电，否则容易烧坏整流二极管。

（3）发现发电机不发电或充电电流很小时，就应及时找出原因并排除故障。如果继续运转，那么故障就会扩大。如当一只二极管短路后，就会导致其他二极管和定子绕组被烧坏。

（4）当整流器的 6 只整流二极管与定子绕组连接时，禁止使用 220V 交流电源检查发电机的绝缘情况，否则将会损坏二极管。

（5）调节器与交流发电机的搭铁形式、电压等级必须一致。否则充电系统不能正常工作。当调节器与发电机的搭铁形式不匹配而又亟需使用时，只能通过改变发电机磁场绕组的搭铁形式，使发电机与调节器的搭铁形式一致。

（6）交流发电机的功率不得超过调节器所能匹配的功率。

（7）机械车辆停驶时应断开点火开关（或电源开关），以免蓄电池长时间向磁场绕组放电。

（二）交流发电机的检修与试验

1. 交流发电机的不解体检测

在交流发电机保养作业的解体之前、组装之后，或怀疑存在故障时，皆应进行整体检测，以便判断其技术状况。

目前普遍采用的方法是：用万用表电阻挡检测发电机各接线端子之间的阻值进行分析判断。对于外搭铁型和其他形式的交流发电机，虽然各接线端子之间的标准阻值各不相同，但是检测方法都大同小异，故不一一赘述。

2. 交流发电机的分解

各型交流发电机的分解方法基本相同，下面以 JFW2621 交流发电机为例，说明其分解步骤与方法。

（1）拆下防护盖。

（2）拆下调节器。

（3）拆下前、后端盖的连接螺栓，并用木质或橡皮手锤轻击前后端盖，使前后端盖分离。

（4）分解前端盖与转子。

（5）分解后端盖、定子线圈、整流器等。

在实际工作中，根据需要分解。发电机分解后，应用压缩空气吹净内部灰尘，并用汽油清洗各部油污（绕组、电刷除外），然后再进行检修。

3. 交流发电机的部件检修

交流发电机的部件检修包括转子的检修、定子的检修、整流器的检修、电刷组件的检修。

（1）转子的检修。磁场绕组在使用过程中，其端头的焊点易受震动影响而发生断路故障。因此，可用万用表电阻挡进行检测，检测磁场绕组电阻的方法如图 1-37（a）所示。若阻值符合标准数值（一般为 3~5Ω），说明磁场绕组良好；若阻值为无穷大，说明磁场绕组断路；若阻值小于标准阻值，说明磁场绕组匝间短路。

检测磁场绕组与转子铁芯之间绝缘电阻的方法如图 1-37（b）所示。如万用表不导通

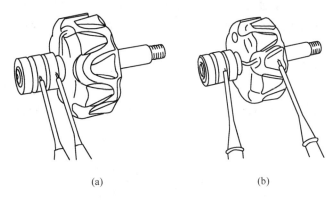

图 1-37 检测磁场绕组电阻

(a) 检测磁场绕组电阻；(b) 检测磁场绕组搭铁

（即阻值为无穷大），说明绕组与铁芯绝缘良好；如万用表导通（即阻值不为无穷大），说明绕组或滑环搭铁。

当磁场绕组断路故障发生在端头焊接处时，可用 200W220V 电烙铁重新焊接排除。若断路、短路和搭铁故障无法排除，则需更换转子总成。

交流发电机转子轴的径向摆差可用百分表检测，方法如图 1-38 所示。其摆差不得超过 0.10mm，否则应予校正。

当滑环厚度小于 1.5mm 时，应予更换。滑环的圆柱度不得大于 0.025mm，否则应精加工修理。滑环表面如有轻微烧蚀，可用 "00" 号砂布打磨，方法如图 1-39 所示，将发电机固定在虎钳上，用砂布包住滑环同时转动转子进行打磨；如烧蚀严重，则需精车加工。滑环表的粗糙度不得高于 $Ra1.60\mu m$。转子磁极与定子铁芯间的气隙为 0.25 ~ 0.50mm，最大不得超过 1.0mm。

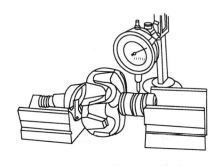

图 1-38 转子轴摆差的检测

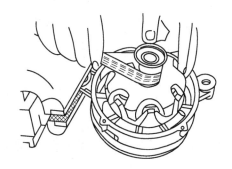

图 1-39 修磨滑环的方法

（2）定子的检修。定子的检修主要是定子绕组的检修。定子绕组的故障有短路、断路和搭铁三种。因为定子绕组的电阻很小，一般仅为 200~800mΩ，所以测量电阻难以检测有无短路故障。定子绕组有无短路，最好是在发电机分解之前，通过台架试验检测其输出功率进行判断。

检测定子绕组断路故障的方法如图 1-40（a）所示。检测时，将万用表拨到相应的电阻挡，两只表笔分别接定子绕组的两个引出端子进行检测。如万用表导通，说明定子绕组良好；如万用表有一次不导通（即阻值为无穷大）说明定子绕组有断路故障。如能找到断路部位，可用 50W220V 电烙铁焊接修复；如找不到断路部位，则需更换定子绕组或定子总成。

检测定子绕组搭铁故障的方法如图 1-40（b）所示。检测时，将指针式万用表拨到电阻挡，两只表笔一只接定子绕组的任意一个引出端子，另一只接定子铁芯进行检测。如万用表不导通，说明定子绕组良好；如万用表导通，说明定子绕组有搭铁，需更换定子绕组或定子总成。

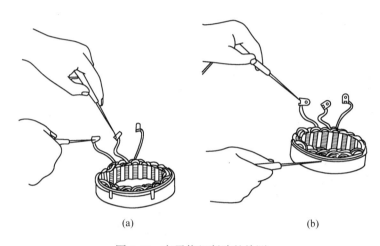

(a) (b)

图 1-40 定子绕组断路的检测

（a）检测定子绕组电阻；（b）检测定子绕组搭铁

（3）整流器的检修。整流器的检修主要是整流二极管的检修。当二极管的引出端头与定子绕组的引线端子拆开后，即可用万用表对每只二极管进行检测。由于二极管的阻值随外加电压的高低而发生变化，因此在检测时，万用指针式表应置于 R×1 挡，数字式万用表应置于二极管挡位，否则检测结果就会出现较大的偏差。

万用表电阻挡内部电路如图 1-41 所示。检测时，先将万用表的两只表笔分别接在被

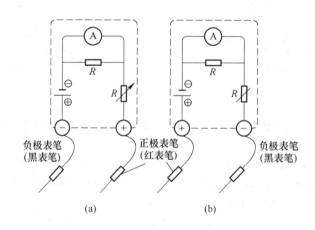

(a) (b)

图 1-41 万用表电阻挡内部电路示意图

（a）指针式万用表；（b）数字式万用表

测二极管的两极上检测一次，然后交换两表笔的位置再检测一次。若两次测得阻值为一大（10kΩ 以上）一小（8～10Ω），说明该二极管良好；若两次检测阻值均为无穷大，则说明该二极管断路；若两次检测阻值均为零，则被测二极管短路。

目前常用整流二极管的安装方式有焊接式和压装式两种。对于二极管为焊接式（即二极管焊接在整流板上）的整流器，只要有一只二极管短路或断路，该二极管所在的正整流板总成或负整流板总成就需更换新品；对于二极管为压装式（即二极管压装在整流板上或后端盖上）的整流器，当二极管短路或断路后，只需更换故障二极管即可。在更换整流板总成或二极管之前，必须首先检测与识别其极性。

（4）电刷组件的检修。电刷与电刷架应无破损或裂纹，电刷在电刷架中应能活动自如，不得出现发卡现象。

电刷长度又叫电刷高度，是指电刷露出电刷架的长度。电刷长度可用钢板尺或游标卡尺测量。新电刷高度为 14mm，磨损至 7～8mm 时，应当更换新电刷。

4. 交流发电机的组装

装复交流发电机各零部件之前，先将轴承填充润滑脂润滑，通常为轴承空间的 2/3。发电机的装复步骤与分解时相反。注意：当安装前后端盖的连接螺栓时，要对称交替拧紧，并在紧定的过程中转动转子，看转子与前后端盖是否同心。

发电机装复完毕，用手转动驱动带轮，检查转动是否灵活自如；再用万用表检测各接线端间的阻值是否符合标准值要求。如无异常，即可进行试验。

5. 交流发电机的试验

交流发电机的试验有：

（1）在试验台上试验。进行空载和功率试验时的接线如图 1-42 所示。

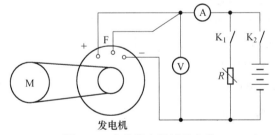

图 1-42　交流发电机试验电路

1）空载试验：试验时首先接通变速电动机电源，并使之在低速下旋转，然后闭合开关 K_2，再逐渐提高变速电动机的转速。当转速升至 500～800r/min 时断开开关 K_2 再继续提高发电机的转速，同时观察发电机在自励状态下达到额定电压时的转速，即空载转速。交流发电机的空载转速一般不应超过 1000r/min。若达到额定电压时转速高出规定数值很多，则说明发电机还有故障。

2）功率试验：在空载试验的基础上接着进行功率试验，闭合开关 K_1，继续提高转速，同时逐渐减小负载电阻 R。当发电机达到额定电压和额定电流时，其转速不应大于规定的转速。

（2）简易试验。将被试发电机适当用力夹在虎钳上，把 12V 蓄电池的正极接在发电机的"磁场"接线柱上，负极接在发电机"负极"接线柱上，把万用表（直流 50V 挡）

的正表笔接在发电机的"电枢"接线柱上，负表笔接在发电机外壳上。接线完毕后，用绳子按发电机工作时的转向拉转发电机的皮带轮，此时万用表应指示 25V（14V 发电机）或 35V（28V 发电机）以上。如指示电压很低或无电压，均说明发电机还有故障，应重新检修后，再做试验。

第三节　交流发电机电压调节器维修

由于用电设备要求硅整流发电机提供的电压一定要稳定，而发电机的输出电压 $E = C_e\Phi n$，受转速和磁通的影响。转速又是经常变化的，要保持转速不变是不可行的，调节磁通却较易实现。以磁通之变，去抵消转速之变，使转速与磁通之积不变，即保持交流发电机端电压在一定值之内，这就是电压调节器的作用。

一、交流发电机电压调节器的分类

工程装备交流发电机调节器的种类繁多、形式各异。按其总体结构可分为电磁振动式（触点式）调节器和电子式调节器两大类。

（一）电磁振动式调节器

电磁振动式调节器（简称电磁式调节器）是通过一对或两对触点的断开与闭合，通过改变发电机磁场电路的电阻来调节磁场电流的调节器。

（1）按调节器触点的对数分类，电磁振动式调节器可分为：

1）单级振动式：只有一对触点，如 FT111 型调节器。

2）双级振动式：有两对触点，如 FT61 型调节器。

（2）按组成的联数分类，电磁振动式调节器可分为：

1）单联电磁振动式：只有一组电压调节器，如 FT61、FT111 型等调节器。

2）双联电磁振动式：除电压调节器之外，另有一组磁场继电器或触点指示继电器，如 FT61A、FT221 型等调节器。

（二）电子式调节器

电子式调节器是利用三极管的开关特性，通过接通或切断磁场电路来调节磁场电流的调节器。

（1）按结构形式分类：

1）分立元件式，即利用分立电子元件组成的调节器。

2）集成电路式，即利用集成电路（IC）组成的调节器。

（2）按安装方式分类：

1）外装式：即与交流发电机分开安装的调节器。

2）内装式：即安装在交流发电机上的调节器。内装式调节器一般都为集成电路调节器。

（3）按搭铁形式分类：

1）内搭铁式：与内搭铁型交流发电机配套工作的调节器。

2）外搭铁式：与外搭铁型交流发电机配套工作的调节器。

二、交流发电机电压调节器的型号

交流发电机调节器的型号组成（见图1-43）如下：

（1）产品代号：交流发电机的产品代号为 FT、FTD 两种，分别表示发电机调节器和电子发电机调节器（字母"F"、"T"、"D"分别为"发"、"调"、"电"字汉语拼音第一个大写字母）。

（2）电压等级代号与交流发电机相同。

（3）结构形式代号：调节器的结构形式代号用一位阿拉伯数字表示，见表1-5。

（4）设计序号：按产品设计先后顺序，用1~2位阿拉伯数字表示。

（5）变形代号：以汉语拼音大写字母 A、B、C…顺序表示（但不能用 O 和 I 两个字母）。

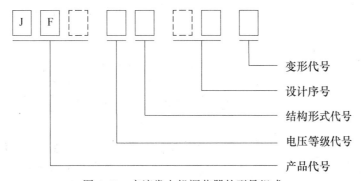

图 1-43　交流发电机调节器的型号组成

表 1-5　发电机调节器结构形式代号

结构形式代号	1	2	3	4	5
发电机调节器	单联	双联	三联	—	—
电子调节器	—	—	—	晶体管	集成电路

例1：FT126A 表示电压等级为 12V 的双联电磁式调节器，第六次设计、第一次变型。

例2：FTD152 表示电压等级为 12V 的集成电路调节器，第二次设计。

三、电磁振动式调节器

（一）基本结构与工作原理

1. 基本结构

电磁振动式调节器基本结构由电磁铁机构、触点组件、调节电阻三部分组成。如图1-44 所示。

电磁铁机构由铁芯、线圈和磁轭组成。电磁铁就是绕有线圈的铁芯，铁芯固定在磁轭上，磁轭固定在调节器底座上。线圈称为调压线圈，绕在铁芯上。线圈一端经调节器接线端子"B"与发电机输出端子"B"连接，另一端搭铁而直接承受发电机的端电压。

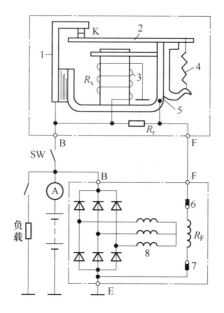

图 1-44　电磁振动式调节器

1—静触点臂；2—活动触点臂；3—调压线圈；4—弹簧；5—磁轭；

6—电刷；7—滑环；8—定子绕组；R_F—磁场绕组

触点组件由触点、静触点臂、活动触点臂和弹簧组成。静触点固定在静触点臂上，活动触点固定在活动触点臂的一端；活动触点臂的另一端支承在磁轭上，可绕支点转动微小角度。弹簧一端挂在活动触点臂端部，另一端挂在支架上。触点串联在发电机磁场电路中，当调节器不工作时，触点在弹簧拉力作用下保持闭合状态。调节电阻 R_r 与触点并联。

2. 工作原理

交流发电机尚未转动时，触点在弹簧的作用下保持闭合状态，将调节电阻短路。

当发电机转动时，其感应电动势便随转速的升高而升高。当发电机电压低于蓄电池电压时，磁场绕组和调压线圈由蓄电池供电。磁场电流的路径为：蓄电池正极→电流表 A→点火开关 SW→调节器正极端子"B"→调节器静触点臂→触点→活动触点臂→磁轭→调节器磁场端子"F"→磁场绕组 R_F→搭铁端子"E"→蓄电池负极。

调压线圈电流的路径为：蓄电池正极→电流表 A→点火开关 SW→调节器正极端子"B"→调压线圈 R_X→搭铁→蓄电池负极。

当发电机电压高于蓄电池电压但尚低于调节电压上限值时，磁场绕组和调压线圈则由发电机供电，磁场电流的路径为：发电机正极→调节器触点→磁场绕组→搭铁→发电机负极。调压线圈电流的路径为：发电机正极→点火开关 SW→调节器正极端子"B"→调压线圈 R_X→搭铁→发电机负极。

调压线圈通过电流产生电磁力矩吸引活动触点臂，磁力线从铁芯出发，经活动触点臂和磁轭回到铁芯而构成回路。由于发电机电压低于调节电压上限值，因此调压线圈电流产生的电磁力矩小于弹簧拉力形成的力矩，触点仍保持闭合状态，调节电阻仍被触点短路。

当发电机转速升高到一定值，其输出电压达到调节电压上限值时，调压线圈产生的电磁力矩便大于弹簧力矩而将活动触点臂向下吸引，使触点断开，调节电阻随之串入磁场电路中。此时的磁场电路为：发电机正极端子"B"→点火开关 SW→调节器正极端子"B"→调节电阻→磁场绕组→搭铁→发电机负极端子"E"。

由于磁场电路中串入了调节电阻，因此磁场电路的总电阻增大，磁场电流减小，磁极磁通减少，发电机电压下降。当发电机端电压降到调节电压下限值时，由于调压线圈电流减小使电磁力矩小于弹簧力矩，因此触点重又闭合，调节电阻又被短路，磁场电流重又增大，发电机电压重又升高。

当发电机电压升高到调节电压上限值时，触点重又断开。如此循环，发电机输出电压便在调节电压上、下限值之间脉动而保持平均电压值不变。

（二）FT111 型单级振动触点式调节器

1. 结构特点

FT111 型调节器是一种具有灭弧系统的单级电磁振动式调节器，它是在基本结构的基础上增加了触点灭弧系统和其他一些部件，结构与电路如图 1-45 所示。

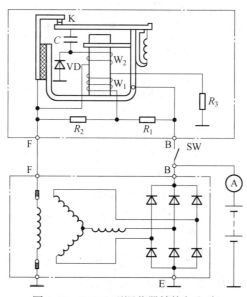

图 1-45 FT111 型调节器结构与电路

R_1—加速电阻（4Ω）；R_2—调节电阻（150Ω）；R_3—温度补偿电阻（15Ω）；

W_1—调压线圈；W_2—扼流线圈；VD—二极管；C—电容器

2. 工作原理

点火开关 SW 一旦接通，交流发电机的磁场绕组和调节器的调压线圈便有电流流过。

（1）当发电机尚未发电或电压低于蓄电池电压时，磁场绕组电流和调压线圈电流均由蓄电池供给。

磁场绕组电流路径为：蓄电池正极→电流表 A→发电机输出端子"B"→点火开关

SW→调节器接线端子"B"→磁轭→活动触点臂→触点 K→调节器磁场端子"F"→发电机磁场端子"F"→磁场绕组→搭铁回到蓄电池负极。

调压线圈 W_1 电流路径为：蓄电池正极→电流表 A→发电机"B"端子→点火开关 SW→调节器"B"端子→加速电阻 R_1→调压线圈 W_1→温补电阻 R_3→搭铁回到蓄电池负极。

此时调压线圈电流产生的电磁吸力小于弹簧拉力，故触点 K 保持闭合状态，磁场电流流经触点 K，发电机电压随转速升高而升高。

（2）当发电机电压随转速升高而升高到高于蓄电池电压时，发电机开始自励发电。磁场绕组电流和调压线圈电流由发电机供给，与此同时，发电机开始向用电设备供电和蓄电池充电。

磁场绕组电流路径为：发电机定子绕组→整流器正二极管→发电机"B"端子→点火开关 SW→调节器"B"端子→磁轭→活动触点臂→触点 K→调节器"F"端子→发电机"F"端子→磁场绕组→搭铁→发电机搭铁端子"E"→整流器负二极管→发电机定子绕组。

调压线圈电流路径为：发电机定子线组→正二极管→发电机"B"端子→点火开关 SW→调节器"B"端子→加速电阻 R_1→调压线圈 W_1→温补电阻 R_3→搭铁→发电机搭铁端子"E"→整流器负二极管→发电机定子绕组。

由于发电机输出电压仍低于调节电压，因此，调压线圈电流产生的电磁吸力仍小于弹簧拉力，触点 K 仍保持闭合状态，发电机输出电压随转速升高和磁场电流增大而继续升高。

（3）当发电机输出电压升高到调节电压上限值时，调节器开始工作，并将发电机电压控制在某一平均值不变。

当发电机电压升高时，调节器调压线圈两端的电压随之升高，调压线圈电流增大，所产生的电磁吸力也随之增大。当发电机输出电压达到调节电压上限值时，调压线圈电流产生的电磁吸力便超过弹簧拉力而将触点 K 吸开，触点 K 断开后，磁场绕组电流的路径为：发电机正极端子"B"→点火开关 SW→调节器接线端子"B"→加速电阻 R_1→附加电阻 R_2→调节器磁场端子"F"→发电机磁场端子"F"→磁场绕组→搭铁回到发电机负极。

由于加速电阻 R_1 和调节电阻 R_2 都串入了磁场绕组电路中，因此磁场电路总电阻值增大，磁场电流减小，磁极磁通减少，发电机电压下降。

当发电机电压下降时，调压线圈两端的电压随之下降，线圈电流和电磁吸力减小。当发电机电压下降到调节电压下限值时，调压线圈电流产生的电磁吸力便小于弹簧拉力，触点在弹簧拉力作用下又重新闭合，磁场电流重又流经触点 K，加速电阻和调节电阻又被隔出磁场电路，因此磁场电路总电阻值减小，磁场电流增大，磁极磁通增多，发电机电压重又上升。

当电压上升到调节电压上限值时，调压线圈电流产生的电磁吸力又超过弹簧拉力，触点 K 重又被吸开，调节器重复上述工作过程，使触点 K 按开闭规律循环振动，通过改变磁场电路电阻值的大小，使磁场电流随发电机转速变化而变化，从而便将发电机输出电压控制在某一平均值不变。

3. 灭弧系统工作原理

在调节器工作中，当触点 K 吸开时，加速电阻和附加电阻随即串入磁场电路中，使磁场电流急剧减小，因此在磁场绕组中便会感应产生电动势，该电动势称为浪涌电压。该浪涌电压正向加在二极管 VD 上，使二极管 VD、助振平衡线圈 L_2 与磁场绕组构成放电回路，起到续流作用而保护触点。同时也使浪涌电压迅速衰减，防止工程装备上的电子装置和电子元件被反向击穿而损坏。另外，电容器 C 通过扼流线圈 W_2 并联在触点 K 两端，用来吸收浪涌电压，加速感应电动势衰减，减少触点火花，防止触点烧蚀。

另外该调节器还有提高触点振动频率和减少温度影响之功能。

（三）FT221 型电压调节器

由于硅整流发电机在低速工作时，必须用蓄电池的电压进行励磁。控制蓄电池给发电机励磁的开关在汽油机上为点火开关，在柴油机上为电源开关。如在停车后忘记断开该开关，则蓄电池将通过硅整流发电机磁场线圈放电，时间长了会造成磁场线圈过热和蓄电池容量下降。为了避免这种情况的发生，在 FT221 型电压调节器上还装有防倒流继电器，如图 1-46 所示。

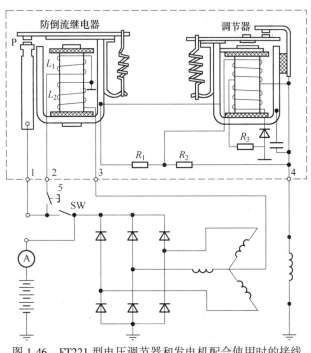

图 1-46　FT221 型电压调节器和发电机配合使用时的接线
1—电枢（电池）接线柱；2—起动（按钮）接线柱；3—中点接线柱；4—磁场接线柱；5—起动按钮

从图可以看出，FT221 型调节器除具有一个单级振动触点式调节器外（工作原理同 FT111 型），还增加了一个控制磁场电路通断的防倒流继电器。发动机工作时由它接通磁场电路，熄灭后由它断开磁场电路。防倒流继电器由常开触点 P、吸拉线圈 L_1、保持线圈 L_2 组成。吸拉线圈 L_1 由起动机开关或按钮来控制。保持线圈 L_2 由硅整流发电机中点接线柱引出的电压来控制。其防倒流原理是：

（1）发动机起动时，接通点火（电源）开关 SW、起动按钮 5，蓄电池电流便通过起动接线柱 2 流经继电器的吸拉线圈 L_1 使继电器触点 P 闭合。触点 P 闭合后，蓄电池电流便通过点火开关 SW（或电源开关）、电枢接线柱 1、继电器触点 P、调节器常闭触点、磁场接线柱 4，流经磁场线圈给发电机励磁。

（2）发动机起动后，起动按钮 5 断开，继电器吸拉线圈 L_1 断电。但这时发电机电压升到额定值，保持线圈 L_1 获得电流，使继电器触点 P 仍保持闭合，使励磁电路在发电机运转过程中始终保持接通状态。

（3）当发动机停止运转后，发电机停止发电，继电器保持线圈失去电压，触点 P 在弹簧的作用下断开，于是蓄电池与发电机磁场线圈之间电路被断开，从而起到了防止蓄电池经磁场线圈长时间的放电作用。

四、电子式调节器

电磁振动式调节器结构复杂，质量大，而且触点容易烧蚀，常因此引起故障。且由于机械惯性和电磁惰性使触点振动频率低，电压波动大。加之触点振动易产生火花，造成无线电干扰，因此已不能满足现代工程装备发展的需要，逐渐被晶体管调节器和集成电路式（IC）调节器所代替。

电子调节器同电磁振动式调节器相比有如下优点：体积小，重量轻；内部无运动部件，耐震，工作可靠；没有触点，对无线电设备干扰小，故障少，寿命长；可通过较大的励磁电流，能适应于功率较大的发电机；调节性能好，在转速和负载变化时其电压波动一般不大于 0.3V；不需调整维护。

电子调节器是利用晶体三极管的开关特性制成的，即将晶体三极管作为一只开关串联在发电机磁场绕组电路中，根据发电机输出电压的高低，控制晶体三极管的导通和截止来达到调节发电机磁场绕组电流使发电机输出电压稳定在某一规定的范围内。由于交流发电机有内搭铁与外搭铁之分，因此，与之匹配使用的电子调节器也有内搭铁与外搭铁两种类型。

（一）外搭铁型电子调节器

1. 基本电路

外搭铁型电子调节器的基本电路如图 1-47 所示，由电压信号监测电路、信号放大与控制电路、功率放大电路以及保护电路四部分组成。

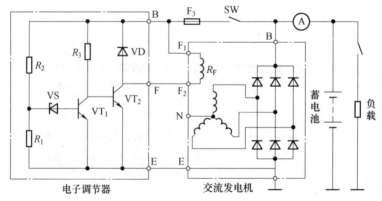

图 1-47 外搭铁型电子调节器基本电路

电阻 R_1、R_2 和稳压管 VS 构成信号检测电路，电阻 R_1、R_2 串联在交流发电机输出端子 "B" 与搭铁端子 "E" 之间，构成一只分压器，直接监测电机输出电压 U 的变化，从分压电阻上 R_1 取出发电机输出电压 U 的一部分 U_{R1} 作为调节器的输入信号电压，因为 R_1 上分得的电压为：

$$U_{R1} = \frac{R_1}{R_1 + R_2} U \tag{1-7}$$

所以，分压值 U_{R1} 能够反映发电机输出电压 U 的高低。由式（1-7）可见，发电机电压 U 升高时，分压电阻 R_1 上的分压值 U_{R1} 升高；反之，当发电机电压 U 下降时，分压值 U_{R1} 下降。稳压二极管（简称稳压管）VS 是感受元件，其一端连接三极管 V_1 的基极，另一端接在分压电阻 R_1、R_2 之间，VS 与三极管的发射结串联后再与分压电阻 R_1 并联，从而监测发电机电压的变化，控制三极管 VT_1 导通与截止。

三极管 VT_1 和电阻 R_3 构成信号放大与控制电路，其功用是将电压监测电路输入的信号进行放大处理后，控制功率三极管 VT_2 导通与截止。电阻 R_3 既是三极管 VT_1 的负载电阻，又是功率三极管 VT_2 的偏流电阻。三极管 VT_1 为小功率三极管，接在大功率三极管 VT_2 的前一级，起功率放大作用，也称前级放大。

功率三极管（又称为开关三极管或开关管）VT_2 构成功率放大电路。VT_2 为 NPN 型大功率三极管，串联在磁场绕组的搭铁端（这是外搭铁型调节器的显著特点）。磁场绕组的电阻为 VT_2 的负载电阻。VT_2 导通时，磁场电流接通；VT_2 截止时，磁场电流切断。因此，通过控制三极管 VT_2 导通与截止，就可改变磁场电流使发电机输出电压稳定。

续流二极管 VD 构成保护电路，其功用是防止磁场绕组产生的自感电动势击穿大功率三极管 VT_2 而造成损坏。

2. 工作原理

外搭铁型电子调节器的工作原理为：

（1）接通点火开关 SW，当发电机电压 U 低于蓄电池电压时，三极管 VT_1 截止，三极管 VT_2 导通，磁场电流 I_f 接通，发电机他励发电，磁场电流由蓄电池供给。

当点火开关 SW 接通，发电机未转动或转速低，电压 U 低于蓄电池电压时，蓄电池电压经点火开关 SW 加在分压电阻 R_1、R_2 两端。由于发电机电压低于调节电压上限值，因此分压电阻 R_1 上的分压值 U_{R1} 小于稳压管 VS 的稳定电压 U_w 与三极管 VT_1 发射结压降 U_{bel} 之和，由稳压管的工作条件可知，稳压管 VS 处于截止状态，三极管 VT_1 基极无电流流过，VT_1 也处于截止状态。此时蓄电池经点火开关、电阻 R_3 向三极管 VT_2 提供基极电流，三极管 VT_2 导通，接通磁场电流，其电路为：蓄电池正极→电流表 A→点火开关 SW→熔断丝 F_3→发电机磁场端子 "F_1"→发电机磁场绕组 R_F→发电机磁场端子 "F_2"→调节器磁场端子 "F"→三极管 VT_2（c→e）→调节器搭铁端子 "E"→发电机搭铁端子 "E"→蓄电池负极。此时若发电机转动，则其电压将随转速升高而升高。

（2）当发电机电压上升到高于蓄电池电压但尚低于调节电压上限值时，发电机自激发电，磁场电流由发电机自己供给。

当发电机电压高于蓄电池电压但低于调节电压上限值时，稳压管 VS 与三极管 VT_1 仍截止，三极管 VT_2 仍导通。此时磁场电路为：发电机定子绕组→正二极管→发电机输出端子 "B"→点火开关 SW→熔断丝 F_3→发电机磁场端子 "F_1"→发电机磁场绕组 R_F→发电机磁场端子"F_2"→调节器磁场端子"F"→三极管 VT_2（c→e）→调节器搭铁端子"E"→发电机搭铁端子"E"→发电机负二极管→定子绕组。

（3）当发电机电压随转速升高而升高到调节电压上限值 U_2 时，VS、VT_1 导通，VT_2 截止，磁场电流切断，发电机电压降低。

当发电机电压升高到调节电压上限值 U_2 时，由稳压管导通条件可知，此时稳压管 VS 导通，其工作电流从三极管 VT_1 的基极流入，并从三极管 VT_1 的发射极流出。因为稳压管 VS 的工作电流就是三极管 VT_1 的基极电流，所以三极管 VT_1 导通。当三极管 VT_1 导通时，三极管 VT_2 的发射结几乎被短路。流过电阻 R_3 的电流经三极管 VT_1 集电极和发射极构成回路，三极管 VT_2 因无基极电流而截止，磁场电流被切断，磁极磁通迅速减少，发电机电压迅速下降。

（4）当发电机电压降到调节电压下限值时，VS、VT_1 截止，VT_2 导通，磁场电流接通，发电机电压升高。

当发电机电压降到调节电压下限值 U_1 时，由稳压管截止条件可知，稳压管 VS 截止，三极管 VT_1 随之截止，其集电极电位升高，发电机又经 R_3 向三极管 VT_2 提供基极电流，VT_2 导通，磁场电流接通，磁极磁通增多，发电机电压重又升高。

当发电机电压升高至调节电压上限值 U_2 时，调节器重复上述（3）、（4）工作过程，将发电机电压控制在某一平均值 U_r 不变。

在三极管 VT_2 由导通转为截止瞬间，磁场绕组产生的自感电动势（F_2 端为正，F_1 端为负）经二极管 VD 构成回路放电，防止三极管 VT_2 击穿损坏。因为放电电流流经二极管 VD，所以二极管 VD 称为续流二极管。

（二）内搭铁型电子调节器

内搭铁型电子调节器的基本电路如图 1-48 所示。其显著特点是接通与切断磁场绕组电流的开关三极管 V_2 为 PNP 型三极管，且串联在磁场绕组的电源端。

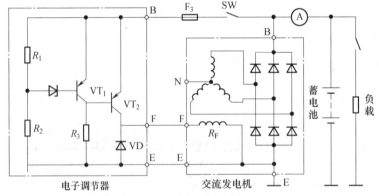

图 1-48　内搭铁型电子调节器基本电路

内搭铁型电子调节器也是由电压信号监测电路、信号放大与控制电路、功率放大电路以及保护电路四部分组成。在使用中，内搭铁型电子调节器只能与内搭铁型交流发电机配用，外搭铁型电子调节器只能与外搭铁型交流发电机配用。否则交流发电机的磁场绕组将与电子调节器的大功率三极管并联连接，磁场绕组将无电流流过，发电机将只靠剩磁发电而不能正常输出电压。

五、电压调节器的使用与检修

（一）使用调节器时应注意的问题

使用调节器时应注意的问题有：

（1）调节器与发电机的电压等级必须一致，否则电源系不会正常工作。

（2）调节器与发电机的搭铁形式必须一致，当调节器与发电机的搭铁形式不匹配而急着使用时，可通过改变发电机励磁绕组的搭铁形式来解决。

（3）调节器与发电机之间的线路连接必须正确。使用与维修时，必须根据说明书给出的接线要求正确连接，否则电源系不能正常工作，甚至会损坏调节器或发电机等电器部件，如电子调节器"+"与"−"接反时，控制励磁电流的大功率三极管的发射极成为反偏，极易被击穿损坏。另外，如有过压保护的稳压管，此管会正向导通而被大电流烧坏。如内搭铁型调节器"F"与"−"接反，或外搭铁型调节器"F"与"+"接反时，蓄电池电压在接通点火开关（电源）后，全部加在大功率三极管的集电极与发射极（不经励磁绕组），调节器极易被击穿烧坏。

（4）调节器必须受点火开关（电源）控制。因调节器控制励磁电流的大功率管在发电机输出电压较低时就始终导通，如果不受点火开关（电源）控制，当停车时，大功率管一直导通，会发热烧坏或使用寿命缩短，而且还会导致蓄电池亏电。

（二）调节器的检修

1. 电磁式调节器的检修

电磁式调节器的检修包括：

（1）直观检查。先打开调节器盖，再目视触点有无烧蚀，各电阻及线圈有无烧焦现象和断路、搭铁等故障。若触点轻微烧蚀，可用"00"号砂纸打磨；若触点严重烧蚀或触点厚度小于0.5mm，应更换触点；动触点与静触点应对齐。

（2）仪表检查。用万用表测量调节器各连接端子间的阻值可以判断电磁式调节器电气部件的技术状况。在检测过程中，若阻值不符，则应检查各部件元件。一般地说，阻值过小可能是电阻或线圈短路；阻值过大可能是触点烧蚀而接触不良或电阻、线圈断路，需要更换调节器。

（3）电磁式调节器的调整。电磁式调节器的活动触点臂与铁芯间的气隙如不符合规定，可将静触点支架的固定螺钉拧松，根据需要向上或向下移动支架即可进行调整。

2. 电子式调节器的检测

电子式调节器的检测分为搭铁形式检测和技术状况检测，可用专用检测仪或可调直流电源进行检测。

（1）判断调节器搭铁形式。

一般调节器上没有标出内搭铁还是外搭铁的记号，使用中只能根据型号、使用车型来确定其搭铁形式。如搞不清其搭铁形式，可采用图1-49（a）所示办法。其步骤为：将电源电压 U 调到12V（28V调节器调到24V）；接通开关SW，若小灯泡发亮，则为外搭铁型调节器。若不亮，则该调节器为内搭铁型调节器。

（2）技术状况检测。

检测调节器技术状况好坏时，外搭铁型调节器按图 1-49（a）所示线路接线；内搭铁型调节器按图 1-49（b）所示线路接线。检测线路接好后，先接通开关 SW，然后由零逐渐调高直流电源电压，此时小灯泡的亮度应随电源电压升高而增强。

当电压调高到调节电压值（12V 系统为 13.5～14.5V；24V 系统为 27～29V）或者略高于调节电压值时，若灯泡熄灭，则调节器是好的；若小灯泡始终发亮，则调节器是坏的。

在上述检验过程中，若小灯泡始终不亮（灯泡不坏），则调节器也是坏的。电子调节器出现故障后，一般是更换新件。

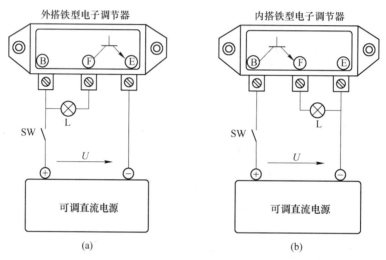

图 1-49　电子式调节器检测电路

（a）外搭铁型电子调节器；（b）内搭铁型电子调节器

第四节　电源系统常见故障维修

一、电源系统电路

工程装备电源系统电路包括蓄电池、交流发电机、调节器、电流表、放电警告灯继电器及放电警告灯等组成。

（一）高速挖掘机电源系统电路

高速挖掘机电源系统电路如图 1-50 所示。该挖掘机电源系统电路由 28V27A 整体式发电机和两个 6-Q-150 型蓄电池组成，由放电警告灯来显示蓄电池充、放电状况，放电警告灯利用中性点电压，通过继电器控制。

放电警告灯电路为：蓄电池 "+" 极→熔断丝→点火开关→放电警告灯→继电器常闭触点→搭铁→蓄电池 "–" 极。

发电机磁场绕组电路为：蓄电池"+"极→发电机"B"→内置调节器大功率三极管→发电机磁场绕组→搭铁→蓄电池"-"极。

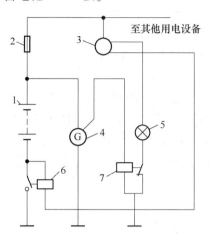

图 1-50 高速挖掘机电源系统原理图

1—蓄电池；2—保险丝；3—点火开关；4—交流发电机；

5—充电指示灯；6—电源总开关；7—充电指示继电器

(二) 高速装载机及高速推土机电源系统电路

高速装载机及高速推土机电源系统电路如图 1-51 所示，该电路由 28V 交流发电机和两只 RTS-4.2（红顶）12V56A h 傲铁马蓄电池组成，由电子监测仪来显示电源系统的工作情况。

发电机磁场绕组电路为：蓄电池"+"极→电源总开关→起动机电源接线柱→30A 保险丝→发电机磁场绕组→内置调节器大功率三极管→搭铁→蓄电池"-"极。

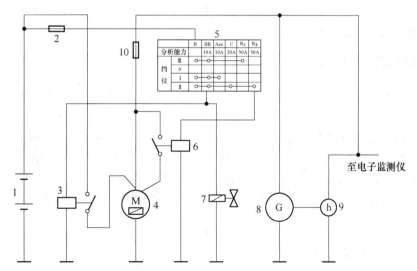

图 1-51 高速装载机、高速推土机电源系统原理图

1—蓄电池；2，10—保险丝；3—电源总开关；4—起动机；5—预热起动开关；

6—起动继电器；7—燃油泵电磁阀；8—交流发电机；9—电子计时表

二、电源系统故障诊断的基本方法

（一）放电警告灯诊断

在装备有放电警告灯的工程装备上，可利用放电警告灯来诊断充电系统有无故障，方法如下：

接通点火开关（将点火开关转到"ON"位，并不起动发动机），观察放电警告灯是否发亮。此时，放电警告灯应当发亮，如果不亮，说明放电警告灯线路或充电指示控制器有故障；起动发动机，并逐渐升高发动机转速，放电警告灯应自动熄灭，说明放电警告灯线路正常，发电机能够发电。此时，调节器工作是否正常还需进行检测诊断。

（二）用电压表诊断

用电压表诊断电源系统有无故障的方法如下：

（1）首先接通工程装备电源总开关电路。

（2）将万用表拨到直流电压挡，红表笔接发电机输出端子（B），负极搭铁。

（3）记下此时电压表指示的电压，该电压即为蓄电池的空载电压，正常值为 24V 左右。

（4）起动发动机，逐渐踩下加速踏板使其转速升高，当发动机转速升到高于怠速转速时，万用表指示的电压值应高于蓄电池的空载电压，并随转速升高而稳定在某一调节电压值不变。

若电压表指示的电压高于调节器的调节电压，且随发电机转速升高而升高，则说明发电机能发电，调节器有故障；若电压表指示的电压随发电机转速升高而保持蓄电池空载电压值不变或低于蓄电池空载电压值，则说明发电机或调节器有故障。

大多数工程装备上目前都装有电压表，观察电压表的指示值在发动机起动前后是否不同，同样也可判断电源系统是否工作正常。

三、电源系统故障维修

本节以高速挖掘机电源系统为例，介绍如何维修工程装备电源系统常见故障，如图 1-50 所示。

高速挖掘机电源系统由交流发电机和蓄电池等组成。由电磁搭铁开关接通和切断整机电源，用保险丝对电气回路实现过载和短路保护。24V 电源由两个 6-Q-150 蓄电池串联供电。硅整流发电机为整体式发电机，容量为 28V27A。高速挖掘机电源系统工作是否正常，是通过观察充电指示灯来判断的。因此，在发动机运转中，要注意观察指示灯的指示情况。

（一）电磁式电源总开关故障

高速挖掘机电磁式电源总开关原理如图 1-50 所示。当点火钥匙开关闭合后，电流通过电磁式电源总开关线圈，吸合触点，从而使蓄电池负极与车架接通（即蓄电池负极搭铁），全车电路接通。当点火钥匙开关断开后，电磁式电源总开关线圈无电流通过，触点断开，从而使蓄电池负极与车架接通（即蓄电池负极搭铁）断开，全车无电。

电磁式电源总开关的故障处理：

（1）发卡：电源开关接通或断开，而电磁式电源总开关并不随之接通或断开，此时用手在电磁式电源总开关外壳上拍击，往往就能正常工作。

（2）不工作：电源开关及连接线均正常，确系电磁式电源总开关不工作，则需拆检修理或更换。

如果需紧急出车，则可临时将电磁式电源总开关常开触点两接线端用导线连接，或将蓄电池负极线直接与车架连接，使整车通电。

（二）点火钥匙开关故障

点火开关是一个多挡开关，常用相应的钥匙才能对其进行操纵。点火开关通常用于控制点火电路、仪表电路、发电机励磁电路、起动电路及一些辅助电路等。高推点火开关的挡位及内部电路连接情况如图 1-52 所示。

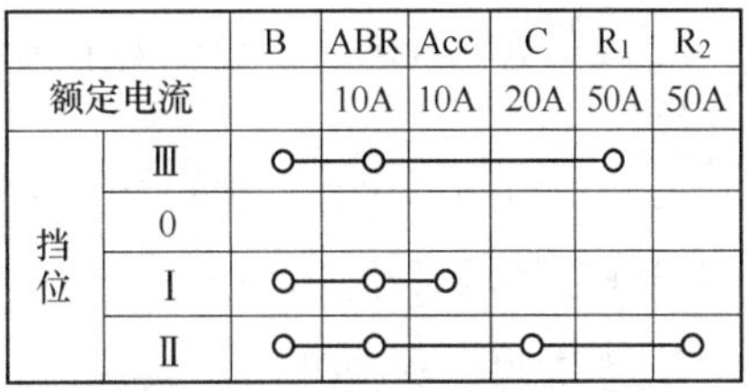

		B	ABR	Acc	C	R_1	R_2
额定电流			10A	10A	20A	50A	50A
挡位	Ⅲ	○—	—○			○	
	0						
	Ⅰ	○—|—○—|—○				
	Ⅱ	○—|—○			○—|—○	

图 1-52 高速推土机点火钥匙开关

点火开关的接线柱："B" 为电源接线柱，与蓄电池正极和发电机电枢接柱相连；"ABR" 为电源开关线和燃油电磁阀接线柱；"R_2" 为其起动继电器接线柱，用来控制起动电路；"Acc"、"C"、"R_1" 接线柱是空接线柱。

点火开关的三个挡位是："Ⅲ" 挡，为附加电器工作挡；"Ⅰ" 挡，为起动后工作挡；"R_2" 为起动挡（自动复位）。

（三）点火开关接通时，充电指示灯不亮

1. 故障现象

点火开关处于接通位置时，充电指示灯不亮。

2. 故障原因

故障原因有：

（1）点火开关损坏。

（2）电源总开关损坏。

（3）总保险烧断。

（4）充电指示继电器损坏。

（5）线路接触不良或断路。

3. 故障判断与排除

故障判断与排除：

（1）开大灯，按喇叭。若大灯不亮喇叭不响，可检查总保险有无熔断。如总保险熔断，检查线路有无搭铁处，确认线路无搭铁再更换保险丝；如总保险未熔断，检查电源总开关是否良好。

若上述检查无故障，可进行下面的检查。

（2）将充电指示灯搭铁端用一根导线直接搭铁。若充电指示灯亮，检查充电指示继电器是否良好；如充电指示灯不亮，应检查充电指示灯电源端是否有电。

（四）不充电

1. 故障现象

起动发动机高于怠速运转，充电指示灯不熄灭，蓄电池需经常充电。

2. 故障原因

故障原因有：

（1）驱动皮带打滑或沾有油污打滑。

（2）导线接头有松动或脱落；导线包皮破损搭铁造成短路；导线接线错误。

（3）发电机故障，如定子与转子线圈断路或搭铁、硅二极管损坏、电刷与滑环接触不良等。

（4）发电机内置调节器损坏，如大功率管断路、续流二极管短路以及稳压二极管或小功率管击穿短路等。

3. 故障的判断与排除

起动发动机，做如下检查：

（1）检查传动皮带是否松弛。一般用拇指压皮带的中部，挠度为 10mm 左右为合适。

（2）检查发电机和蓄电池之间的导线及接头有无松脱、断路。

（3）检查发电机正极接线柱电压值。若电压值在发动机起动后与起动前没有变化，则说明发电机故障，应拆下检修。

（五）充电电流过大

1. 故障现象

灯泡经常容易烧毁，发电机有过热现象，若电解液不为胶体状会损耗过快。

2. 故障原因

发电机内置调节器损坏，如大功率管击穿短路、稳压二极管断路或小功率管断路等。

3. 故障的判断与排除

检查发电机正极接线柱电压值。若过高则说明发电机故障，应拆下检修。

（六）充电电流过小

1. 故障现象

起动发动机高于怠速运转，充电指示灯随转速的变化时亮时灭，蓄电池需经常充电。

2. 故障原因

故障原因为：

（1）驱动皮带打滑或沾有油污打滑。

（2）导线接头有松动或接触不良。

（3）发电机故障，如定子与转子线圈断路或短路、个别硅二极管损坏等。

3. 故障的判断与排除

起动发动机，做如下检查：

（1）检查传动皮带是否松弛。一般用拇指压皮带的中部，挠度为 10mm 左右为合适。

（2）检查发电机和蓄电池之间的导线及接头有无松脱或接触不良。

（3）检查发电机正极接线柱电压值。若电压值在发动机起动后与起动前变化不明显，则说明发电机故障，应拆下检修。

（七）发动机中高速运转时，交流发电机指示灯不熄灭

1. 故障现象

起动发动机高于怠速运转，充电指示灯不熄灭，但蓄电池无需经常充电。

2. 故障原因

故障原因有：

（1）发电机无中点电压。

（2）发电机中点接线柱至充电指示继电器间导线断路或搭铁。

（3）充电指示继电器损坏。

（4）充电指示灯至继电器导线搭铁。

3. 故障的判断与排除

起动发动机，做如下检查：

（1）拆下充电指示继电器上至指示灯的导线，若灯不熄灭，则该导线搭铁。

（2）检查充电指示继电器至发电机中点接线柱的导线有无电压。若有则为充电指示继电器处故障；若没有，可检查发电机中点有无电压输出，若发电机中点有电压输出则发电机中点接线柱至充电指示继电器间导线故障，若发电机中点无电压输出则发电机不发电，应进行发电机不发电检查。

复 习 题

1-1 蓄电池主要由哪几部分组成？

1-2 举例说明我国蓄电池型号中各参数的含义。

1-3 分别说明蓄电池充电的几种方法。

1-4 简述蓄电池补充充电工艺。

1-5 蓄电池常见故障有几种？回答并说明原因。

1-6 如何使用和维护蓄电池？

1-7 交流发电机由哪些主要部件组成，其作用是什么？

1-8 简述交流发电机的励磁特点。

1-9 如何用简易试验法判定发电机是否发电？

1-10 简述电子调节器工作原理。

1-11 电源系统常见故障及排除方法。

第二章 起动系统构造与维修

工程装备的发动机由静止状态转为运转状态的过程称为发动机起动。完成发动机起动的装置称为起动系统。

第一节 起动机的分类与型号

一、起动机的分类

起动机的种类繁多，分类方法各不相同。

（一）按总体结构不同分类

1. 普通起动机

普通起动机即无特殊结构和装置的起动机。

2. 永磁起动机

永磁起动机的电动机磁极用永磁性材料制成，由于取消了磁场线圈，因此结构简化、体积小、质量小。

3. 减速起动机

传动机构设有减速装置的起动机。电动机可采用高速、小型、低转矩电动机，质量和体积比普通起动机可减小 30%～35%。缺点是结构和工艺比普通起动机复杂。

（二）按控制方式不同分类

1. 机械控制式

由手拉杠杆或脚踏联动机构直接控制起动机的主电路开关来接通或切断主电路。由于机械控制式要求起动机、蓄电池靠近驾驶室而受到安装和布局的限制，且操作不便，因此已很少采用。

2. 电磁控制式

借点火起动开关或按钮控制电磁铁，再由电磁铁控制主电路开关来接通或切断主电路。由于电磁铁可进行远距离控制，且操作方便省力，因此现代工程装备大都广泛采用。

（三）按传动机构啮入方式不同分类

1. 强制啮合式

依靠电磁力或人力拉动杠杆机构，拨动驱动齿轮强制啮入飞轮齿环。工作可靠性高，现代工程装备广泛采用。

2. 惯性啮合式

驱动齿轮借旋转时的惯性力啮入飞轮齿圈，工作可靠性较差，已很少采用。

3. 电枢移动式

依靠磁极磁通的电磁力使电枢产生轴向移动，从而将驱动齿轮啮入飞轮齿圈，结构比较复杂，东欧国家采用较多。

4. 齿轮移动式

依靠电磁开关推动电枢轴孔内的啮合推杆，从而使驱动齿轮啮入飞轮齿圈。

二、起动机的型号

根据中华人民共和国行业推荐标准规定，起动机的型号由如图 2-1 所示的五部分组成。

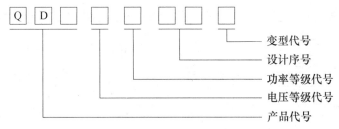

图 2-1 起动机的型号组成

（1）产品代号。产品代号有 QD、QDJ、QDY 三种，分别表示普通起动机、减速起动机、永磁起动机或永磁减速起动机，字母"Q"、"D"、"J"、"Y"分别表示"起"、"动"、"减"、"永"。

（2）电压等级代号。电压等级代号用一位阿拉伯数字表示，含义见表 2-1。

表 2-1 工程装备电气产品电压等级代号的含义

电压等级代号	1	2	3	4	5	6
电压等级/V	12	24	—	—	—	6

（3）功率等级代号。功率等级代号用一位阿拉伯数字表示，含义见表 2-2。

表 2-2 起动机功率等级代号的含义

功率等级代号	1	2	3	4	5	6	7	8	9
普通起动机功率/kW 减速起动机功率/kW 永磁起动机功率/kW	≤1	>1~2	>2~3	>3~4	>4~5	>5~6	>6~7	>7~8	>8

（4）设计序号。设计序号按产品设计先后顺序，由 1~2 位阿拉伯数字组成。

（5）变型代号。主要电气参数和基本结构不变的情况下，一般电气参数的变化和结构某些变化称为变型，以汉语拼音大写字母 A、B、C…顺序表示。

例如 QD1215 表示额定电压为 12V、功率为 1~2kW，第 15 次设计的起动机。

第二节　起动机的构造与工作原理

起动机一般由直流电动机、传动装置和控制装置三部分组成。起动机的结构如图 2-2 所示。

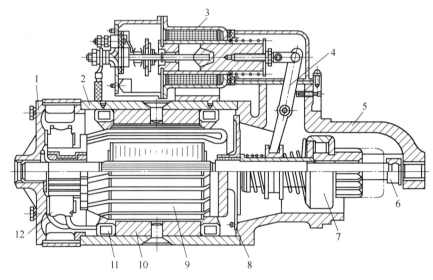

图 2-2　起动机的结构

1—前端盖；2—电动机壳体；3—电磁开关；4—拨叉；5—后端盖；6—限位螺母；
7—单向离合器；8—中间支承板；9—电枢；10—磁极；11—磁场线圈；12—电刷

一、直流电动机

直流电动机的作用是将蓄电池输入的电能转换为机械能，产生电磁转矩。

（一）结构组成

直流电动机主要由电枢、磁极、机壳、端盖、换向器和电刷组件等组成。

1. 电枢

电枢是电动机的转子，用来产生电磁转矩。它由铁芯、绕组、换向器和电枢轴等组成，如图 2-3 所示。

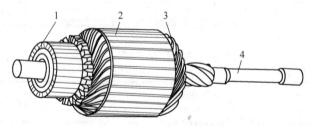

图 2-3　电枢总成

1—换向器；2—铁芯；3—绕组；4—电枢轴

（1）铁芯。铁芯由硅钢片冲制叠压而成。为减少涡流损失（磁损），硅钢片两侧涂有绝缘漆或经氧化处理。铁芯外缘冲有线槽，以便安放电枢绕组。

（2）绕组。起动机要产生较大的转矩，而供电电压又很低，因此电枢绕组的电流都很大，电枢绕组都是用较粗的矩形裸铜线绕制而成。为防止裸体导线短路，在铁芯与铜线之间、铜线与铜线之间用绝缘性能较好的复合绝缘纸隔开。电枢绕组各线圈的端头都焊接在换向器铜片的凸缘上，通过电刷将蓄电池的电流引入。

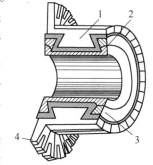

图 2-4　换向器
1—铜片；2—轴套；
3—压环；4—凸缘

（3）换向器。换向器的结构如图 2-4 所示。它由一定量的燕尾形铜片压装而成。铜片之间、铜片与压环、轴套之间均用云母绝缘。铜片的一端有焊接电枢绕组端头的凸缘。为了避免电刷磨损的粉末落入铜片间形成短路，起动机的铜片间云母不割低。

（4）电枢轴。电枢轴一般用优质钢材制成。除了固装铁芯和换向器外，还伸出一定长度的花键及阶梯光轴，用以套装传动机构和在端盖上起支承作用。

2. 磁极

磁极的作用是建立磁场。它由磁极铁芯和励磁绕组组成。为了增大起动转矩，磁极数一般为 4 个，功率大于 7.35kW 的起动机有用 6 个磁极的。

（1）铁芯。铁芯用低碳钢制成，呈靴形，以便使磁场合理分布和安装磁场绕组。铁芯用螺钉固定在起动机外壳上。

（2）绕组。绕组用裸扁铜线绕制，匝间用复合绝缘纸绝缘。外部用无碱玻璃纤维带包扎，并经浸漆烘干，套装在铁芯上。励磁绕组的线匝绕向，必须保证通电后产生 N、S 交叉排列的极性，如图 2-5（a）所示，并通过机壳形成磁路，如图 2-5（b）所示。

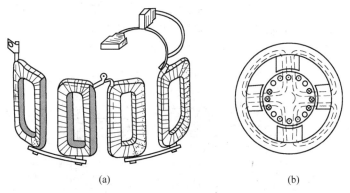

(a)　　　　　　　　　　　(b)

图 2-5　励磁绕组的排列与磁极电路
(a) 励磁绕组的排列；(b) 磁极磁路

绕组的连接方式有两种，即串联和并联，如图 2-6 所示。采用串并联连接，电动机的总电阻较小，工作时可获得更大的电流，提高输出功率。

3. 机壳

机壳是起动机的外壳，也是电动机的磁路部分。它由低碳钢板卷压焊接成圆筒形或由无

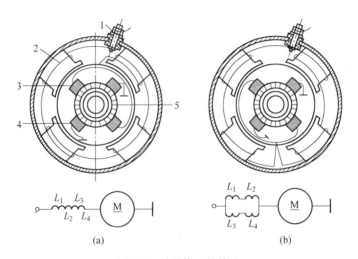

图 2-6 励磁绕组的接法

（a）四个绕组相互串联；（b）两个绕组串联后再并联

1—"C"端子；2—磁场绕组；3—正电刷；4—负电刷；5—换向器

缝钢管加工而成，内部固定磁极，在它的一端开有检查电刷与换向器的窗口，平时用防尘圈密封。机壳中部装有一个与之绝缘的电流输入接线柱，机壳两端有组装定位销或缺口。

4. 端盖

端盖有两个。后端盖又称驱动盖，用以安装起动机和容纳传动机构，用灰铸铁铸造，端口有安装凸缘和螺孔，因轴较长，故在其中加有一中间支承。前端盖一般用钢板压制，端盖中心均压装着青铜石墨轴承或铁基含油轴承，外围有两个螺孔，起动机装配时，用两个长螺栓将前、后端盖及外壳联为一体。

5. 电刷与电刷架

电刷由铜粉和石墨粉压制而成，呈棕红色。其截面积增大，引线也应加粗或采用双引线。刷架多制成框式，正极刷架与端盖绝缘固装，负极刷架直接搭铁。刷架上装有弹性较好的盘形弹簧，如图 2-7 所示。

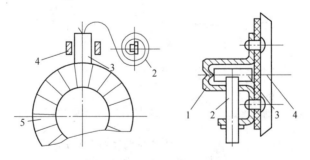

图 2-7 电刷与电刷架

1—框式刷架；2—盘形弹簧；3—电刷；4—前端盖；5—换向器

（二）工作原理

直流电动机是将电能转变为机械能的装置，它是利用通电导体在磁场中受到力的作用而运动的原理工作的，如图 2-8 所示。

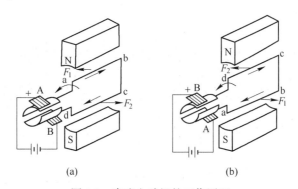

图 2-8　直流电动机的工作原理
（a）线匣中电流方向为 a→d；（b）线匣中电流方向为 d→a

处于磁场中的电枢绕组 abcd，经换向器 A、B 和正负极电刷与电源相接。当接通电源时，绕组中的电流方向为 a→b→c→d（见图 2-8（a）），根据左手定则可以确定导体 ab 受到向左的电磁力，导体 cd 受到向右的电磁力，于是线圈 abcd 受到一个绕电枢反时针方向旋转的转矩。当电枢转过半周，处于图 2-8（b）所示位置时，换向器 B 转向正电刷，换向器 A 则转向负电刷，电枢绕组中电流的方向则改变为 d→c→b→a。但是，由于换向器的作用，使处于 N 极下和 S 极上的导体中的电流方向并没有改变，因此电枢继续按反时针方向转动。如此，由于流过导体中的电流保持固定方向，使电枢轴在一个固定方向的电磁力矩的作用下不断旋转。

由于单个线圈所产生的电磁力矩太小，电枢轴旋转不平稳，所以实际应用的电动机电枢绕组有多组线圈，换向器的片数也随线圈的增多而增加。

二、传动机构

传动机构的作用是在发动机起动时使起动机小齿轮啮入飞轮齿圈，将起动机的转矩传递给曲轴；在发动机起动后又能及时使起动机小齿轮与飞轮齿圈自动脱开。起动机的传动机构包括离合器和拨叉两部分。

（一）离合器

离合器的作用是在发动机起动时，将电动机的转矩传给发动机曲轴，起动发动机；而当发动机起动后，能自动打滑，保护起动机不致超速"飞散"。常用离合器有滚柱式离合器、弹簧式离合器和摩擦片式离合器三种。

1. 滚柱式离合器

（1）构造。

滚柱式离合器的构造如图 2-9 所示。

驱动齿轮与拨叉制成一体，外壳内装有十字块和四套滚柱、压帽和弹簧。十字块与花键套筒固连，壳底与外壳相互扣合密封。

花键套筒的外面装有啮合弹簧及衬圈，末端安装着拨环与卡簧。整个离合器总成套装在电动机轴的花键部位上，可作轴向移动和随轴转动。

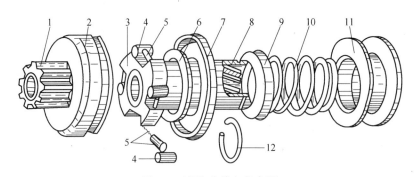

图 2-9　滚柱式单向离合器

1—驱动齿轮；2—外壳；3—十字块；4—滚柱；5—压帽弹簧；6—垫圈；
7—护盖；8—花键套筒；9—弹簧座；10—啮合弹簧；11—拨环；12—卡簧

（2）工作原理。

发动机起动时（见图 2-10（a）），经拨叉将离合器沿花键推出，驱动齿轮啮入发动机齿圈。由于十字块处于主动状态，随电动机电枢一起转动，促使四套滚柱进入槽的窄端，将花键套筒与外壳挤紧，于是电动机电枢的转矩就可由十字块经滚柱、离合器外壳传给驱动齿轮，从而达到驱动发动机飞轮齿圈旋转起动发动机运转的目的。

发动机起动后（见图 2-10（b）），飞轮齿圈的转速高于驱动齿轮，十字块处于被动状态，促使滚柱进入槽的宽端而自由滚动，只有驱动齿轮随飞轮齿圈做高速旋转，起动机转速并不升高，防止了电枢超速飞散的危险。

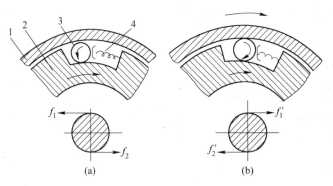

图 2-10　滚柱的受力分析

（a）起动时；（b）起动后

1—外壳；2—十字块；3—滚柱；4—压帽及弹簧

2. 摩擦片式离合器

（1）构造。

如图 2-11 所示，外接合毂用半圆键装配在电动机轴上，弹性圈和压环依次沿电动机轴装入外接合毂中。主动摩擦片的外凸齿装入外接合毂的切槽中，从动摩擦片的内凸点插入内接合毂的切槽内。内接合毂的内圆切有螺旋花键，并旋在起动机的驱动齿轮的三线螺纹上。齿轮柄则自由地套在起动机轴上，其内垫有减振弹簧，并用螺母固定，以防从轴上脱落。

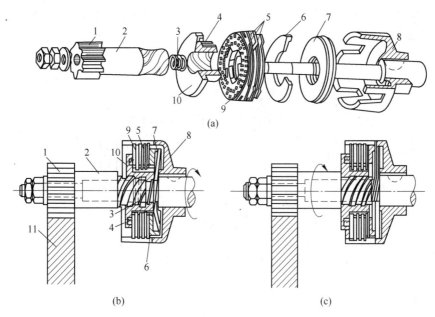

图 2-11　摩擦片式单向离合器

（a）结构；（b）压紧；（c）松开

1—驱动齿轮；2—齿轮柄；3—减振弹簧；4—小弹簧；5—主动片；6—压环；7—弹性圈；
8—外接合毂；9—被动片；10—内接合毂；11—飞轮

（2）工作原理。

起动时，当驱动齿轮啮入飞轮齿环后，电动机通电旋转，内接合毂由于螺旋花键的作用向右移动，摩擦片被压紧而将起动机的转矩传给驱动齿轮。当发动机的阻力矩较大时，内接合毂会继续向右移动，增大摩擦片之间的压力，直到摩擦片之间的摩擦力达到所需的起动转矩，带动曲轴旋转，起动发动机。

起动后，驱动齿轮被飞轮齿环带动，其转速超过电枢转速时，内接合毂沿螺旋花键向左退出，摩擦片之间的压力消除。这时驱动齿轮虽然高速旋转但不会带动电枢，防止了电枢超速飞散的危险。

3. 弹簧式离合器

（1）构造。

弹簧式离合器的结构如图 2-12 所示，连接套筒套装在电枢轴的螺旋花键上，驱动齿轮则套在电枢轴的光滑部分上，两者之间有两个月形键连接。月形键可使驱动齿轮与连接套筒之间不能轴向移动，但可相对转动。在驱动齿轮柄与连接套筒外面包有扭力弹簧，其两端内径较小，并分别箍紧在齿轮柄和连接套筒上。扭力弹簧有圆形和矩形截面，外面有护圈封闭。

（2）工作原理。

起动时，电枢轴带动连接套筒旋转，扭力弹簧顺其螺旋方向旋转，圈数增加内径变小，将齿轮与连接套筒包紧成为整体。于是电动机的转矩传给驱动齿轮，带动曲轴旋转，起动发动机。

起动后，驱动齿轮转速高于电枢转速，扭力弹簧被反向扭转，内径变大，齿轮柄与连接套筒松脱，各自转动，这时驱动齿轮虽然高速旋转但不会带动电枢，防止了电枢超速"飞散"的危险。

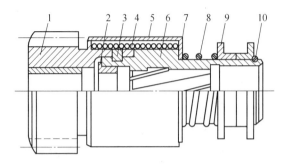

图 2-12 弹簧式单向离合器

1—驱动齿轮；2—挡圈；3—月形键；4—扭力弹簧；5—护圈；6—花键套筒；
7—垫圈；8—啮合弹簧；9—移动衬套；10—卡簧

（二）拨叉

拨叉的作用是使离合器做轴向移动，使驱动齿轮啮入或脱离飞轮齿环。现代工程装备一般采用电磁式拨叉，如图 2-13 所示。

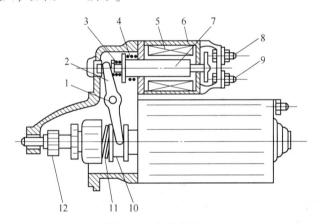

图 2-13 电磁式拨叉

1—拨叉轴；2—拨叉；3，4—弹簧；5—线圈；6—外壳；7—电磁铁芯；
8，9—接线柱；10—拨环；11—啮合弹簧；12—驱动齿轮

它用外壳封装于起动机壳体上，由可动和静止两部分组成。可动部分包括拨叉和电磁铁芯，两者之间用螺杆活络的连接。静止部分包括绕在电磁铁芯铜套外的线圈、拨叉轴和复位弹簧。

发动机起动时，驾驶员只需将起动开关旋至起动挡，线圈通电产生电磁力，将铁芯吸入，于是带动拨叉转动，由拨叉头推出离合器，使驱动齿轮啮入飞轮齿环。

发动机起动后，松开起动开关，起动开关便自动回位一个角度（回至起动工作挡），线圈断电，电磁力消失，在复位弹簧作用下，铁芯退出，拨叉返回，拨叉头将打滑工况下的离合器拨回，驱动齿轮脱离飞轮齿环。

三、操纵装置

操纵装置的主要作用:一是操纵单向离合器与飞轮齿圈的啮合和分离;二是控制起动机电路的接通和断开。现代工程装备普遍采用电磁式操纵装置。

操纵装置主要由电磁铁机构和电动机开关两部分组成。

(一) 构造

电磁式操纵装置,由电磁铁机构、起动机开关和起动按钮等组成,如图 2-14 所示。

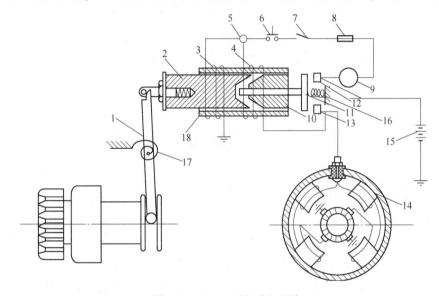

图 2-14 ST614 型起动机电路

1—拨叉杆;2—衔铁;3—保持线圈;4—吸拉线圈;5—保持、吸拉线圈接线柱;6—起动机按钮;
7—电源开关;8—保险丝;9—电流表;10—固定铁芯;11—触盘;12,13—接线柱;14—起动机;
15—蓄电池;16—触盘弹簧;17—回位弹簧;18—铜套

电磁铁机构的作用是用电磁力来控制单向离合器和电动机开关。在电磁铁的黄铜套上绕有两个线圈,其中导线粗、匝数少的称为吸拉线圈;导线细、匝数多的称为保持线圈。两线圈的绕向相同,其一端均接在保持、吸拉线圈的公共接线柱上。保持线圈的一端搭铁,吸拉线圈另一端接在起动机开关接柱上与电动机串联。

在铜套内装有固定铁芯和衔铁,衔铁尾部与连接杆相连,以便衔铁带动拨叉运动。

起动机开关由接线柱、触盘、触盘弹簧及推杆组成。开关的两个接线柱固定在绝缘盒上,其外端分别接电源和起动机电路,内端与开关的两个固定触头相连,活动触盘装在推杆上并与推杆绝缘,推杆装在固定铁芯的孔内。

起动按钮和开关的作用是接通或断开保持、吸拉线圈电路,以操纵起动机起动或停止。

(二) 工作原理

接通电源开关后,按下起动按钮,使吸拉和保持线圈的电路接通。吸拉和保持线圈通电后，由于二者的绕向和电流方向相同，磁场相加，吸力增强，衔铁在电磁力的作用下，克服回位弹簧的拉力而被吸入，于是衔铁连接拉杆拉动拨叉杆，将单向离合器推出，使驱动小齿轮与飞轮齿圈啮合。由于吸拉线圈的电流流经起动机的磁极线圈和电枢绕组，起动机便缓慢旋转，小齿轮在缓慢旋转中与飞轮齿圈啮合。当小齿轮与飞轮齿圈全部啮合后，触盘正好将接线柱 12、13 接通，蓄电池便以大电流通过起动机产生正常转矩，带动曲轴旋转。与此同时，吸拉线圈被触盘短路而失去作用，只靠保持线圈的磁力保持衔铁仍处于吸入位置。这是因为衔铁被吸入之前与固定铁芯之间的气隙较大，必须靠吸拉线圈帮助，当衔铁吸入后，空气隙减小，只需磁力较小的保持线圈就能使衔铁不致退回。

发动机起动后，在松开起动按钮的瞬间，吸拉和保持线圈形成串联，这时吸拉保持线圈中虽有电流通过，但两线圈中产生磁场方向相反，电磁力迅速减弱，于是衔铁在回位弹簧的作用下退出，触盘在其弹簧作用下左移，使触盘与触头分离，切断了电路，使起动机停止转动。与此同时拨叉在回位弹簧的作用下，带动单向离合器右移，使驱动小齿轮与飞轮齿圈脱离。

第三节　起动机的使用与维修

一、起动机的正确使用

起动机工作电流大，转速高，因此在使用时，应当注意以下几点：

（1）由于起动机是按短时间工作的要求设计的，而且起动机工作时消耗电流很大，因此每次起动时间不应超过 5s，两次起动间隔时间不应少于 15s。

（2）在冬季或低温情况下起动时，应先将发动机预热后，再使用起动机起动。

（3）发动机起动后，应及时切断起动机开关，使驱动齿轮退出啮合，减少起动机离合器的磨损。

（4）接起动机时，应挂空挡或踏下离合器踏板，严禁用挂挡起动的方法移动车轮。

（5）发动机处于工作状态时，不得将起动机投入工作。

二、起动机的检修与试验

（一）起动机的分解

起动机的分解操作如下：

（1）将待修起动机外部的尘污、油污清除干净，拆去防尘箍。

（2）用钢丝勾取出电刷，拆下起动机贯穿螺栓，抽出电枢（带驱动端盖、电磁开关）。

（3）拆下电磁开关与驱动端盖的紧固螺栓，取下电磁开关。

（4）拆下电枢轴端部的卡簧与挡圈，取下单向离合器、中间支承板。

对单个总成是否进一步分解，应视具体情况而定。

对分解的零部件进行清洗。清洗时，对所有的绝缘部件，只能用干净布蘸少量的汽油擦拭，其他机械零件可放入汽油、煤油或柴油中洗刷干净并晾干。

（二）起动机各主要零、部件的检修

清洗金属零件，用干净布蘸汽油擦拭电枢和磁场线圈，并用压缩空气吹干后检查下列各主要零、部件。

1. 检查磁场线圈

磁场线圈的检查方式如下：

（1）用万用表检查主磁场线圈和副磁场线圈是否搭铁。

（2）用万用表和 12V 直流电检查主磁场线圈和副磁场线圈是否断路和短路。检查断路时，将万用表两表笔分别接在线圈的两端，若表针不动，表明线圈有断路故障。检查短路时，将线圈直接接到 12V 电源上，用起子插入磁场内，比较各磁极吸力大小，有短路故障的磁场线圈，其磁极吸力明显减小，如图 2-15所示。

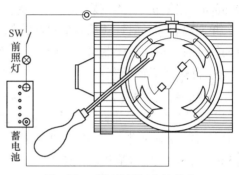

图 2-15　磁场线圈短路的检查

2. 检查电枢

电枢的检查方式如下：

（1）用万用表的电阻挡检查电枢线圈是否搭铁，如图 2-16 所示。

（2）检查电枢线圈短路。检查电枢线圈短路需在电枢检验仪上进行，如图 2-17 所示。

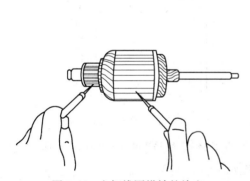

图 2-16　电枢线圈搭铁的检查

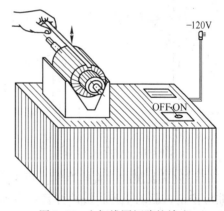

图 2-17　电枢线圈短路的检查

（3）检查电枢线圈断路。明显的线圈断路易于察觉，如导线刮断、脱焊等。从表面不易观察到的断路需要用电枢检验仪或万用表检查。

（4）检查换向器表面是否烧蚀、失圆。表面有轻微烧蚀，可用"00"号砂布打磨平，若烧蚀严重、失圆超过 0.05mm，应在车床上精车修复。

3. 检查电刷及电刷架

电刷及电刷架的检查如下所示：

（1）若电刷高度小于 10mm 时，应更换，电刷在电刷架内上下移动应灵活，无卡滞现象。

（2）电刷弹簧应能将电刷可靠地压在换向器上，若弹簧折断或弹力软弱，应更换弹簧。

4. 单向离合器的检修

单向离合器的常见故障是打滑、驱动小齿轮磨损。

驱动小齿轮的端面最容易磨损，磨损后的齿长一般不应小于 16mm（汽油机）或 17.5mm（柴油机），否则应焊修或更换。

单向离合器顺时针转动时应灵活自如，将驱动小齿轮夹在虎钳上，用扭力扳手反时针方向转动时，应能承受制动试验时的最大转矩而不打滑。

5. 操纵装置的检修

操纵装置的检修包括以下几个方面：

（1）起动开关的检修。其触点和触盘轻微烧蚀时，可用"00"号砂布打光；严重烧蚀时可将触盘翻面继续使用。两触点的工作面应保持在同一平面上。不平度应小于 0.3mm，否则应增减垫片进行调整。

（2）电磁线圈的检修。吸拉和保持线圈一般损坏较少，其检查方式如图 2-18、图 2-19 所示。检查时，可用万用表进行检查，也可在线圈两端加上额定电压，若能有力的吸动衔铁，则说明线圈良好，否则已损坏。对于已损坏的线圈应更换电磁开关总成。

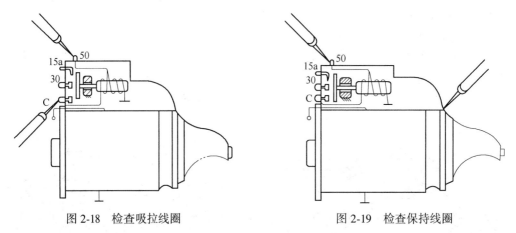

图 2-18 检查吸拉线圈   图 2-19 检查保持线圈

（3）拨叉及缓冲弹簧的检修。拨叉上的滑轮或滑环磨损严重时应焊补或更换，叉臂弯曲应校正。驱动小齿轮缓冲弹簧弹力不够应更换。

（三）起动机的组装

装复起动机时应按分解时的相反顺序进行，但应注意以下几点：

（1）各轴承、电枢轴径及键槽等摩擦部位，都应涂以黄油或机油润滑。

（2）固定中间支撑板的螺钉时，一定要加弹簧垫圈。以免螺钉振动脱落，造成起动机不能正常工作或损坏。

（3）驱动小齿轮后端面的止推垫圈、换向器端面的胶木垫圈及中间支撑板的胶木垫圈，装复时不能遗漏。

（4）磁极与电枢铁芯间应有 0.8~1.8mm 的间隙。

（5）电枢轴的轴向间隙一般应为 0.2~0.7mm，不符合时，可在轴的前端或后端加减垫圈进行调整。

（6）起动机装复后，应转动灵活，无卡滞现象。若轴承过紧或不同心时，轻者可铰刮铜套，严重时应更换铜套。

（四）起动机的试验

起动机装复后，应进行空载试验和全制动试验。

1. 简易试验

将起动机夹紧在试验台（或虎钳）上，并按图 2-20 接线。合上开关 K，起动机转动应均匀、无抖振现象。电刷与换向器之间应无火花；同时记录电压表和电流表的读数，并测量转速值，试验时间不超过 1min。然后，将记录数据与原技术标准对比（应该一致）。如电流过大、转速低，则表明存在装配过紧或电枢与励磁绕组仍有搭铁、短路故障；如电流与转速都小，则表明电路中有接触不良之处，如电刷与换向器接触不良，弹簧压力过弱及励磁绕组连接头接触不良等。

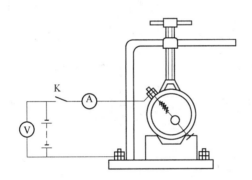

图 2-20 起动机简易试验时的接线

2. 全制动试验

试验时，将起动机夹紧在专用试架上，装好扭力杠杆和弹簧秤，并按图 2-21 所示接好线路。合上开关，在 5s 内观察离合器是否打滑，并立即记录电流及电压数值和弹簧秤

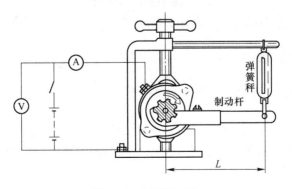

图 2-21 全制动试验

的读数，与原技术数据应相符合。如扭矩小而电流大，则表明电枢和励磁绕组中有搭铁和短路故障；如扭矩和电流都小，则表明电路中存在接触不良的故障。

第四节　起动系统常见故障维修

本小节以高速挖掘机为例介绍起动系统常见的故障维修，图 2-22 为高速挖掘机起动系统电路图。

起动系统常见的故障有起动机不转、起动无力、打齿、发咬、打滑等。

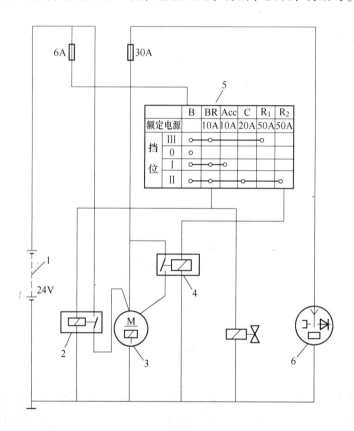

图 2-22　高速挖掘机起动系统电路图

1—蓄电池；2—电源总开关；3—起动机；4—起动继电器；5—预热起动开关；6—交流发电机

一、起动机不能转动

故障现象：起动发动机时，起动机不能转动。

故障原因：

（1）蓄电池亏电太多，长期充电不足；或极柱表面氧化严重，连接松动。

（2）接触盘触点严重烧蚀或电磁开关中的吸引线圈或保持线圈出现断路、短路、搭铁故障，使触点不能闭合。

（3）励磁绕组或电枢绕组断路、短路或搭铁故障。

（4）电刷弹簧断裂或过软，或电刷卡住不能接触换向器。

（5）点火开关（起动挡）失灵；各有关导线断路、连接不良或线路连接错误。

故障诊断与排除：

（1）在未接通起动开关前，先按喇叭和开前照灯试验。如喇叭声响低沉沙哑，灯光暗淡，说明起动电路接触不良或蓄电池存电不足。可检查蓄电池导线的连接情况，如有松动，应当紧固。若导线连接正常，应检测蓄电池性能及存电量。

（2）用粗导体连接起动机主开关两个接线柱，若火花强烈，起动机不转，则说明起动机内部短路、机械部分过紧或发动机曲轴阻力过大；若无火花，起动机也不转，表明起动机内部有断路故障。应对其进行全面拆检、修复。

（3）如用粗导体搭接起动机主开关两个接线柱时，起动机转动正常，则说明电磁开关及起动回路有故障，用万用表测试电磁开关的线圈有无断路或短路，并予以更换。或检查点火开关（起动挡）性能及其回路有无断路。

二、起动机转动无力

故障现象：接通起动开关，起动机能够带动发动机转动，但转速过低甚至稍转即停。

故障原因：

（1）蓄电池存电不足。蓄电池充电不足或过放电等。

（2）导线接触不良。如蓄电池正极端子脏污、锈蚀以及起动机的连接导线松动等。

（3）起动机本身故障。如换向器油污、烧蚀，电刷磨损或弹簧压力不足，励磁线圈或电枢线圈局部短路，接触盘烧蚀，轴承过紧、过松，发动机曲轴过紧。

故障诊断与排除：

（1）打开前大灯，再起动起动机，看灯光变化情况。若灯光立即熄灭或灯丝变成暗红色，说明蓄电池存电不足或蓄电池桩头连线接触不良（起动后接触不良处特别热，手感即知）。

（2）若灯光保持原有亮度，说明起动机主电路有断路或接触不良故障，应检查起动机搭铁线是否牢固，电刷接触面积及弹簧弹力是否过小，电刷是否有油污，定子、转子有无断路。

（3）若灯光变暗，起动机冒烟。说明起动机内部有短路故障。

三、起动机运转，但发动机不转

故障现象：接通起动开关，起动机只是空转，发动机曲轴不转。

故障原因：

（1）单向离合器打滑，不能传递扭矩。

（2）电磁开关行程太小，接触盘在驱动小齿轮与飞轮啮合之前先接合。

（3）飞轮齿圈牙齿严重磨损或打坏。

故障诊断与排除：

（1）若起动时，起动机低转速空转，说明单向离合器打滑，应更换新件。

（2）若起动时，起动机高速空转，说明飞轮齿圈损坏或单向离合器、拨叉损坏，应拆检修复。

四、起动机不能停止转动

故障现象：起动后松开钥匙，起动机仍然运转。

故障原因：

（1）电磁开关触点烧结在一起。

（2）电磁开关有短路处。

故障诊断与排除：更换电磁开关。

五、不能起动发动机，并有撞击声

故障现象：起动机不能带动发动机运转，并有撞击声。

故障原因：

（1）驱动齿轮或飞轮齿圈牙齿磨损或打坏。

（2）电磁开关的磁力太小，活动铁芯不足以使拨叉拨动小齿轮与飞轮啮合。

（3）电磁开关配合不当，在驱动齿轮与飞轮齿圈还未啮合时，主电路即接通，驱动齿轮在高速旋转情况下与齿圈难以正常啮合。

故障诊断与排除：

（1）检查飞轮齿环和驱动小齿轮，如有损坏应更换。

（2）检查电磁开关的吸引线圈有无短路或连接不良，活动铁芯是否卡滞，修复或更换电磁开关。

（3）更换电磁开关。

复　习　题

2-1　起动机一般由哪几部分组成，各部分作用是什么？

2-2　直流电动机一般由哪几部分组成，各部分作用是什么？

2-3　简述起动机的工作过程。

2-4　简述起动机的使用注意事项。

2-5　简述起动系统常见故障及排除方法。

第三章 照明信号系统维修

照明与信号系统，是工程装备安全行驶和夜间作业的主要装置。根据其作用可分为照明系统、灯光信号系统和音响信号系统。

第一节 照明系统维修

为了保证工程装备在夜间或微光条件下的作业及行车安全，提高其施工效率，在工程装备上装有照明系统。

一、照明系统的分类

照明设备按用途可分为外部照明和内部照明两大类。

(一) 外部照明设备

1. 前照灯

前照灯又称前大灯或头灯。安装在工程装备头部的两侧，一般为两灯制或四灯制。前照灯的用途主要是工程装备夜间行驶时，照亮前面的道路及物体，同时还可利用远近光变换信号。前照灯的灯光通常为白色，远光灯功率一般为 45~65W，近光灯功率为 20~55W。

2. 雾灯

雾灯装在前照灯附近或比前照灯稍低的位置。它是在有雾、下雪、大雨或尘埃弥漫等有碍能见度的情况下，用作道路照明的灯具。灯光多为黄色（或橙色），有良好的透雾性能，灯泡功率一般为 35W。

3. 防空灯

根据需要安装，在灯光管制时使用，功率一般为 35W。

4. 倒车灯

倒车灯装在工程装备的尾部，用来照亮车后路面，并警告工程装备和行人，表示正在倒车，它兼有光信号装置的功能。灯光为白色，功率一般为 28W，由倒车灯开关控制。倒车灯开关一般安装在变速器上，挂上倒挡时，此开关接通。

5. 作业灯

作业灯一般安装在机械较高的部位，用来照亮机械作业范围情况，保证机械夜间的工作效率。

(二) 内部照明设备

1. 顶灯

顶灯是安装在驾驶室或车厢内顶部，供驾驶室或车厢内照明的灯具。顶灯灯光为白色，灯罩大多采用透明塑料制成，灯泡功率一般为5～8W。

2. 仪表灯

仪表灯是仪表照明用灯具。它常与仪表板连成一体，灯光为白色，灯泡功率一般为2～8W。

3. 工作灯

工作灯是修理车辆时使用的灯具，一般工程装备上只装设工作灯插座并配备有一定长度导线的移动式灯具。灯光为白色，灯泡功率一般在8～20W。

二、前照灯

（一）对前照灯的要求

为确保工程装备夜间行车安全，其基本要求为：

（1）前照灯必须保证夜间对车前有明亮而均匀的照明，使驾驶员能看清车前100m以内路面上的障碍物。

（2）前照灯应能防止眩目，确保夜间会车时不使对方驾驶员因眩目而造成事故。

（二）前照灯的结构

前照灯主要由反射镜、散光玻璃、灯泡及灯座、灯壳等组成，如图3-1所示。

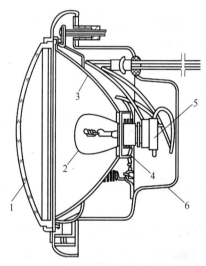

图 3-1　半封闭式前照灯的结构

1—配光镜；2—灯泡；3—反射镜；4—插座；5—接线盒；6—灯壳

1. 反射镜

反射镜用薄钢板冲压而成，为旋转抛物面形状，如图3-2（a）所示。其内表面镀银、镀铝或镀铬。银镀层的反射率为90%～95%，铬镀层的反射率是60%～65%，铝镀层的反射率可达94%。目前大多采用真空镀铝。

反射镜的作用是尽可能多地收集灯泡发出的光线，并将这些光线聚合成很强的光束射向远方。由于灯泡的功率仅为 40~60W，灯丝的发光强度有限，如无反射镜，仅能照明工程装备前 6m 左右的路面。而有了反射镜后，如图 3-2（b）所示，当灯丝位于焦点 F 上时，灯丝的绝大部分光线经反射后，成平行光束射向远方，使光度增加几百倍，能够照亮工程装备前 150m 以上的路面。

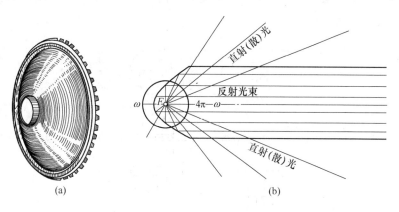

图 3-2 前照灯反射镜及反射光示意图

（a）反射镜；（b）反射镜反射光线的情况

2. 散光玻璃

散光玻璃又称配光镜，用透明无色玻璃压制而成，其内表面精心设计成各类棱镜和透镜的组合体，并按一定的要求合理分布，如图 3-3 所示。

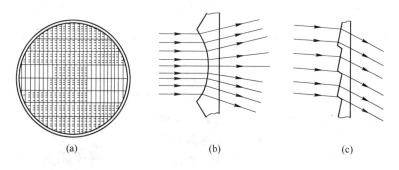

图 3-3 前照灯散光玻璃外形

（a）散光玻璃；（b）散射；（c）折射

散光玻璃的作用是把反射镜反射出来的平行光束在水平方向上向两侧扩散，在竖直方向上进行折射，使工程装备前路面和路缘都有良好而均匀的照明。

3. 灯泡

灯泡是工程装备灯具的电光源，其额定电压有 6V、12V 和 24V 三种，可分为白炽灯泡和卤钨灯泡。按不同用途的要求，又将它们制成单丝或双丝灯泡。

白炽灯泡的结构如图 3-4（a）所示。主要由玻璃泡、灯丝、定焦盘、插片等组成。灯丝用钨制成，内部通常充入 96% 的氩气和 4% 的氮气，从而可提高灯丝的设计温度，提高发光效率，但仍会因钨蒸发而逐渐使灯泡变黑。

卤钨灯泡是一种新型电光源，如图 3-4（b）所示。其灯丝仍用钨，但在灯泡内充入的气体中掺有某种卤族元素（一般为溴或碘），我国目前生产的工程装备灯泡是溴钨灯泡。卤钨灯泡是利用卤钨再生循环反应原理制成的，灯丝炽热蒸发出来的气态钨与卤素反应，生成一种挥发性的卤化钨，它扩散到灯丝附近的高温区又受热分解，使钨重新回到灯丝上，被释放出来的卤素继续扩散参与下一循环反应，如此反复，就可防止钨丝因蒸发而损耗及灯泡的发黑现象。

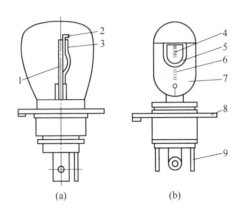

图 3-4　前照灯灯泡结构

（a）普通充气灯泡；（b）卤钨灯泡

1，5—远光灯丝；2，7—配光屏；3，4—近光灯丝；6—定焦盘；8—泡壳；9—插接片

卤钨灯泡的最大优点是发光效率高（比一般灯泡高 50%~60%），寿命长。

4. 灯壳

灯壳是前照灯的主体，多用薄钢板冲压制成，用以支持整个灯具的重量和保护壳内的光学元件。

（三）前照灯的分类

前照灯一般分可为三种类型，即可拆式、半封闭式和封闭式。可拆式因其气密性差、反射镜易脏污，照明效果会严重降低，目前已趋淘汰。现代工程装备多采用半封闭式和封闭式前照灯，如图 3-1和图 3-5 所示。

前照灯按其安装方式的不同可分为三种类型：外装式、内装式和组合式。

（四）前照灯的防眩目措施

所谓眩目，是指人的眼睛突然被强光照射时，由于视神经受刺激失去对眼睛的控制，本能地闭上眼睛，或只能看清亮处而看不见暗处物体，眩目会造成严重的交通事故，必须采取有效的措施。

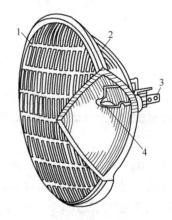

图 3-5　全封闭式前照灯的结构

1—配光镜；2—反射镜；3—插片；4—灯丝

1. 采用双丝灯泡防眩目

（1）双丝灯泡。所谓双丝灯泡，就是将远光和近光灯丝并装的一种灯泡。远光灯丝的功率较大，安装时位于反射镜的焦点上；近光灯丝的功率较小，安装时位于反射镜的焦点上方。其结构如图 3-6（a）所示。

（2）防眩目原理。当变光开关把近光灯电路接通时，近光灯丝发出的光线照射到反射镜 b-a-b_1 部分，经反射后倾向路面；而照射到 b-c 和 b_1-c_1 的光线，经反射后倾向上方，如图 3-6（b）所示。由于此时大部分光线倾向于路面，从而减少对迎面而来驾驶员的眩目作用。

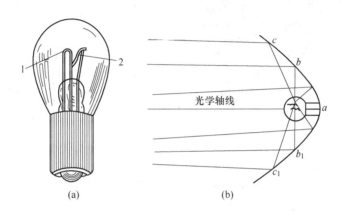

光学轴线

(a)　　　　　　(b)

图 3-6　双丝灯泡结构及防眩目原理
（a）双丝灯泡的结构；（b）双丝灯泡近光灯的光束
1—远光灯丝；2—近光灯丝

2. 采用带配光屏的灯泡防眩目

（1）结构。这种灯泡是在双丝灯泡的近光灯丝下方加装了一个金属配光屏（也称屏蔽罩），其典型结构，如图 3-7 所示。

（2）防眩目原理。由于这种灯泡近光灯丝的下方安装有金属制的屏蔽罩，使近光灯丝射向反射镜上方的光线反射后倾向路面，从而遮住了射向反射镜下半部的光线，因此大大减少了反射后射向道路上方可能引起眩目的光线。

由于带配光屏的灯泡防眩目效果好，非常可靠，故现代工程装备应用十分广泛。

（五）前照灯电路

高速挖掘机前照灯电路，如图 3-8 所示。高速装载机、推土机前照灯电路，如图 3-9 所示。

（六）前照灯的检修

1. 前照灯的部件检修
前照灯的部件检修：
（1）灯泡、散光玻璃损坏，应更换。

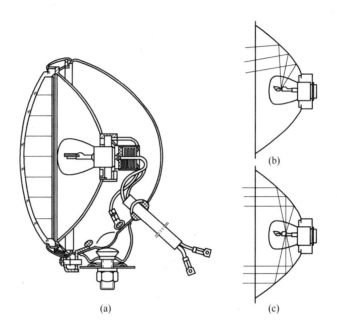

图 3-7　采用带配光屏灯泡的前照灯结构原理

（a）前照灯结构；（b）近光光束；（c）远光光束

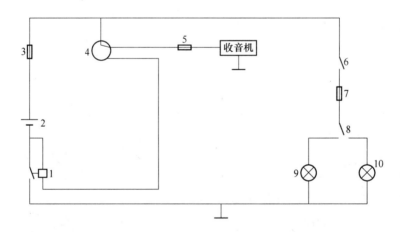

图 3-8　高速挖掘机照明电路

1—电源总开关；2—蓄电池；4—点火钥匙开关；3、5、7—熔断丝；6—前大灯开关；
8—变光开关；9—前照灯近光；10—前照灯远光

（2）灯座接触不良或线头松脱，可用打磨、紧固的方法修复。

（3）反射镜沾有尘土和脏污应清洁。对于尘土，可用压缩空气吹净；若脏污时，针对不同材料的镀层应采取不同的清洁方法。对镀银镀铝的反射镜，由于镀层很软容易擦伤，可用清洁的棉纱蘸热水进行清洗。清洗干净后将镜面向下晾干即可装用。对镀铬的反射镜，可用清洁的棉纱蘸酒精由反射镜内部向外成螺旋形轻轻擦拭。

（4）散光玻璃和反射镜之间如密封不良，应更换密封衬垫。

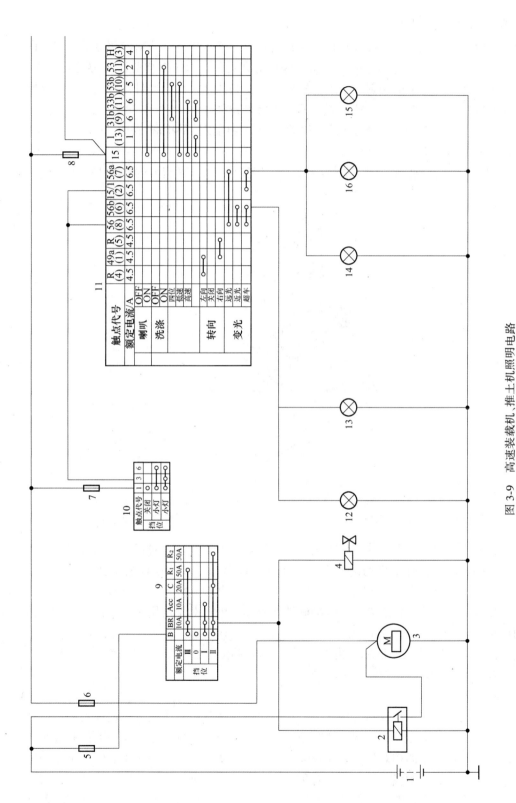

图 3-9 高速装载机、推土机照明电路

1—蓄电池;2—电源总开关;3—起动机;4—燃油泵电磁阀;5~8—熔断丝;9—点火开关;10—车灯开关;11—组合开关;
12,13—前照灯近光;14,15—前照灯远光;16—前照灯远光指示灯

2. 前照灯的检验与调整

对于某些轮式工程装备，如起重机、轮式挖掘机、推土机等，应对前照灯的照射方向和照射距离（发光强度）进行检验。检验方法目前有两种，即仪器检验法和屏幕检验法。屏幕检验法只能检验光束的照射方向或位置；仪器检验法就是用前照灯检验仪来检验前照灯，其既能检验光束的照射方向或位置，又能检验发光强度。

（1）仪器检验法。以 QD-2 型前照灯检验仪为例说明仪器的检验方法。

①仪器的基本结构。

QD-2 型检验仪主要适用于非对称式防眩目灯的检验与调校。其基本结构如图 3-10 所示。

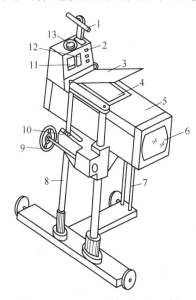

图 3-10　QD-2 型前照灯检验仪

1—对正器；2—光度选择按键；3—观察窗盖；4—观察窗；5—仪器箱；6—透镜；7—仪器移动把手；8—支架；9—箱升降手轮；10—仪器箱高度指示标；11—光度；12—光束照射方向参考表；13—光束照射方向选择指示旋钮

该检验仪由支架、行走机构、仪器箱、仪器箱升降调整装置及对正器等部分组成。支架是检验仪的基础件，行走机构由三个车轮组成；仪器箱是该检验仪的主要组件，由箱壳、屏幕、透镜以及光束照射方向选择旋钮等组成；仪器箱升降仪器调节装置可以调整仪器箱离地高度，并有高度指示表，可以准确地调节其高度；对正器用来观察仪器与被检验车辆的相对位置。

光度指示装置如图 3-11 所示，由电源开光、电源电压指示灯、光度表、按键开关以及调整装置等组成。

②检验与调整。

将被检车辆停放在平整的检验场地上，检验仪移到工程装备正前方，使仪器的透镜镜面距前照灯配光镜（30±5）cm。调整仪器箱高度，使其与前照灯中心高度一致；通过对正器观察仪器与工程装备的相对位置，使仪器正对工程装备纵轴线，即对正器中十字线的中心点对正工程装备的纵轴线，垂线左右对称。若十字线不清晰或观察目标不清楚时，可以调节对正器焦距旋钮来调整。当仪器与工程装备对正后，即可将仪器移至任一前照灯前开始检验工作。

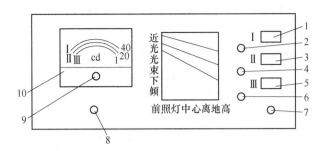

图 3-11　QD-2 型检验仪的光度指示装置

1—远光Ⅰ按键；2—远光Ⅰ调零旋钮；3—远光Ⅱ按键；4—远光Ⅱ调零旋钮；5—近光按键；

6—近光调零旋钮；7—电源开关；8—电源电压指示灯；9—光度表调零旋钮；10—光度表

近光灯光束照射方向的检验方法是接通被检验的前照灯近光，光束通过仪器箱的透镜照射到仪器箱内的屏幕上。由观察窗口目视，旋转光束照射方向选择指示旋钮，使亮斑（即光形）的明暗截止线左半部分水平线段与屏幕上的实线重合，如图 3-12 所示。

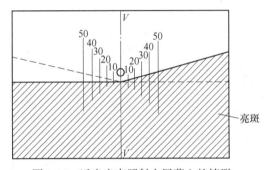

图 3-12　近光光束照射在屏幕上的情形

这时，光束照射方向选择指示旋钮上的读数即为近光光束下倾值。光束照射指示旋钮刻度盘上标有 10、20、…、50 数值，分别表示前照灯近光照射距离为 10m 的屏幕上的光束中心下倾数值，单位为 cm。光束左右偏移值以近光亮斑明暗截止线转角点与仪器上的 V—V 线不重合距离直接读出，如图 3-13 所示。屏幕上 V—V 线左、右分别标有 10、20、…、50 刻线，分别表示被测近光灯照射到距离为 10m 的屏幕上时，光束中心向左或向右的偏移值，单位是 cm。若不符合标准应进行调整。近光光束照射方向校验结束后，接下来进行光束强度检验。按下近光按钮，检验光束暗区光度。该仪器将暗区最大光度定为 625cd，在此数值以下为绿色区域即合格，超过此值即为红色区，不合格。

远光灯光束照射方向的检验方法是在近光灯检验结束后，变换前照灯为远光。远光光束照射到屏幕上的最亮部分应落在以屏幕上圆孔为中心的椭圆形区域，如图 3-13 所示，否则应调整。

远光灯照射方向检验结束后，接下来进行光束强度检验。按下远光Ⅰ按键，若亮不超过 20000cd，再按下远光Ⅱ按键，检验远光最小亮度是否符合标准。该仪器将远光最小亮度定为 15000cd，超过此值为绿色区，合格；低于此值为红色区，不合格。

检验内侧远光灯的光束照射方向与发光强度的方法基本与上述相同，故不重述。但光束照射方向选择指示旋钮上的刻度盘读数应减去 10cm/10m 才是远光灯的下倾值。

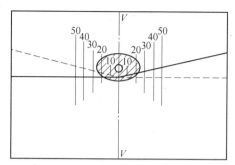

图 3-13　远光光束照射在屏幕上的情形

（2）屏幕检验法。

按《机动车前照灯使用和光束调整技术规定》（GB 7454—1987），将轮胎气压符合规定的被检机械（空载）停放在平整的地面上，环境光线应较暗，在距前照灯 10m 远处挂置一屏幕（或用墙壁代替），并使屏幕与被检机械中心轴线垂直，如图 3-14 所示。

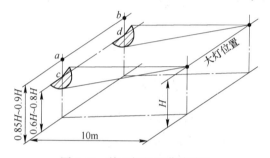

图 3-14　前照灯的屏幕检验法

接通前照灯，远光光束应分别对准交点 a 和 b，近光明暗截止线的转折点分别对准交点 c 和 d。不合要求时，可松开前照灯的紧固螺母，扳动前照灯进行调整，或通过前照灯的上下、左右调整螺钉进行调整，如图 3-15 所示。装用远、近光双丝灯泡的前照灯应以近光为主进行调整。

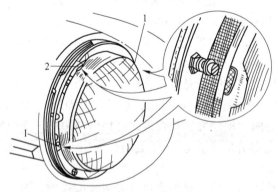

图 3-15　前照灯的调整
1—左右调整螺钉；2—上下调整螺钉

三、照明系统常见故障维修

以高速推土机、高速装载机为例，其照明系统电路如图 3-16 所示。

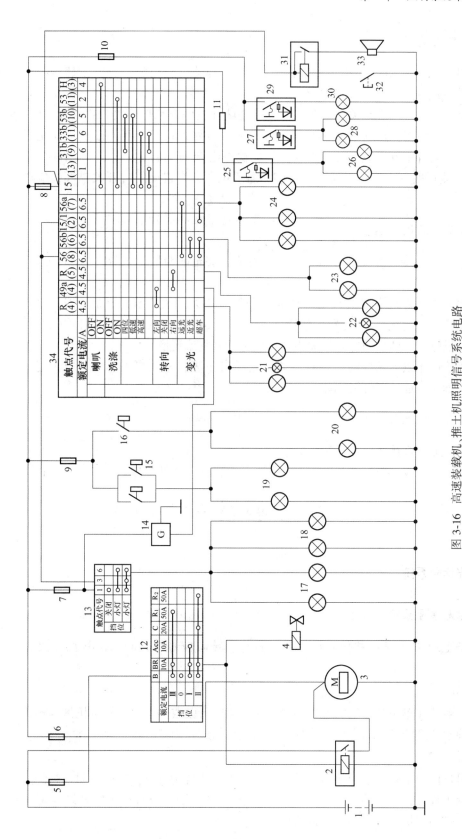

图 3-16　高速装载机、推土机照明信号系统电路

1—蓄电池；2—电源总开关；3—起动机；4—燃油泵电磁阀；5～10—熔断丝；11—限流电阻；12—点火开关；13—车灯开关；14—闪光继电器；15—制动灯开关；16—倒车灯开关；17、18—示宽灯；19—制动灯；20—倒车灯；21—左转向信号灯，指示灯；22—右转向信号灯，指示灯；23—近光灯；24—近光及档示灯；25—工作灯开关；26—工作灯；27—后大灯开关；28—后大灯；29—顶灯开关；30—顶灯；31—喇叭继电器；32—喇叭按钮；33—喇叭；34—组合开关

（一）前照灯均不亮

故障原因：（1）车灯开关出现故障；（2）组合开关出现故障；（3）保险丝烧断；（4）有关连接导线接错；（5）灯泡烧坏。

检查排除方法：将车灯开关拉至Ⅱ挡，用直流试灯法检查车灯开关"3"接线柱是否有电。若试灯亮，说明保险丝"6"、"7"及车灯开关良好；将组合开关打至"变光"位置，若前照灯不亮，用万用表直流"50V"挡，检查组合开关的变光开关输出线，若有"24V"电压，则说明灯泡烧坏，应更换灯泡；若没电压，则说明组合开关损坏，应进行修复或更换。

（二）前照灯远近光不全

故障原因：（1）变光开关部分损坏；（2）变光开关至前照灯导线断路；（3）远光或远光灯丝烧断。

检查排除方法：将组合开关打至"变光"位置，用万用表直流"50V"挡，检查组合开关的变光开关"远光"、"近光"输出线，若有"24V"电压，则说明灯泡烧坏，应更换灯泡；若没电压，则说明组合开关损坏，应进行修复或更换。

将试灯接于近光或远光灯的"搭铁"端，若试灯不亮，表明搭铁不良，应修复；若试灯亮，表明近光或远光灯灯泡烧坏，应更换。

（三）左右远近光灯光不一致

故障原因：前照灯接插件连接错误。
检查排除方法：将前照灯几根导线的接插件全部拔开，重新连接。

第二节　信号系统维修

一、灯光信号系统

（一）灯光信号系统的组成

工程装备上通常装有 4 种信号灯，即示宽灯、转向信号灯、制动信号灯和报警信号灯。

1. 示宽灯

示宽灯一般装在车头和车尾的左右两侧，用于夜间行驶或停车时，标示机械车辆的存在和轮廓。前示宽灯的灯光为白色或橙色，后示宽灯的灯光为红色或橙色。

2. 转向信号灯

转向信号灯位于工程装备的四角，其作用是在工程装备转弯时，发出一明一暗的闪光信号，以标示工程装备的转弯方向。转向信号灯的灯光为橙色，后转向信号灯也可为红色。转向信号灯的闪烁频率由闪光继电器控制。

3. 制动信号灯

制动信号灯装在工程装备的后部,其作用是在工程装备制动停车或减速行驶时,向车后的机械车辆或行人发出制动信号,以提醒注意。制动信号灯的灯光为醒目的红色,红色制动信号应保证夜间 100m 以外能看得清楚。

制动信号灯开关通常有两种形式:一种是装在制动踏板后面,由制动踏板直接控制的开关。另一种为液压或气压式开关,一般装在制动控制阀上或制动总泵出口处,由制动系统的液压或气压控制。

4. 报警信号灯

工程装备的报警信号灯通常位于仪表盘上,机械工作过程中,当出现异常情况(如发动机冷却水温过高、机油压力过低、风冷发动机风扇皮带过松或断开等)时,相应的报警信号灯便发亮,通知操作手立即使机械停止工作,排除故障。

(二) 转向信号装置

转向信号装置由转向信号灯、转向指示灯和闪光继电器等组成。

闪光器按结构和工作原理可分为电热式、电容式、晶体管式等多种。电热式闪光器,闪光频率不够稳定,使用寿命短趋于淘汰;电容式闪光器闪光频率稳定;晶体管式闪光器具有性能稳定、可靠等优点,故已广泛应用。

1. 电容式闪光器

电容式闪光器的结构与工作原理如图 3-17 所示。它主要由一个继电器和一个电容器组成。在继电器的铁芯上绕有串联线圈和并联线圈,电容器采用大容量的电解电容器

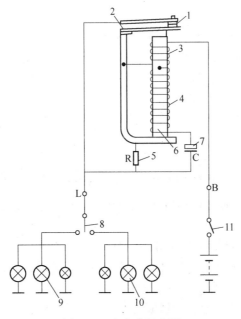

图 3-17 电容式闪光器

1—触点;2—弹簧片;3—串联线圈;4—并联线圈;5—灭弧电阻;6—铁芯;7—电解电容器;8—转向开关;
9—左转向信号灯和指示灯;10—右转向信号灯和指示灯;11—电源开关

（大约 1500μF）。电容式闪光器是利用电容器充、放电延时特性，使继电器的两个线圈产生的电磁吸力时而相加，时而相减，继电器便产生周期性开关动作，从而使转向信号灯闪烁。其工作过程如下：

当工程装备向左转弯时，接通转向灯开关，左转向信号灯就被串入电路中，电流从蓄电池正极 →电源开关→接线柱 B →串联线圈→常闭触点 →接线柱 L→转向灯开关 →左转向信号灯和指示灯 →接铁 →蓄电池负极，形成回路。此时并联线圈、电容器及电阻被触点短路，而电流通过线圈产生的电磁吸力大于弹簧片的作用力，触点迅速张开，转向信号灯处于暗的状态。

触点张开后，蓄电池向电容器充电，其充电电流由蓄电池正极→电源开关→接线柱 B →串联线圈→并联线圈→电容器→ 接线柱 L→转向灯开关→左转向信号灯和指示灯 →接铁→蓄电池负极，形成回路。由于线圈电阻较大，充电电流很小，不足以使转向信号灯亮，所以转向信号灯仍处于暗的状态。同时充电电流通过串联线圈和并联线圈产生的电磁吸力相同，使触点继续张开，随着电容器的充电，电容器两端的电压逐渐升高，其充电电流逐渐减小，串联线圈和并联线圈的电磁吸力减小，使触点又重新闭合。触点闭合后，转向信号灯和指示灯处于亮的状态，此时电流从蓄电池正极→接线柱 B→串联线圈→常闭触点→接线柱 L→转向灯开关→左转向信号灯和指示灯→接铁→蓄电池负极，形成回路。与此同时，电容器通过并联线圈和触点放电，其放电电流通过并联线圈时产生的磁场方向与串联线圈产生的磁场方向相反，所产生的电磁吸力减小，故触点仍保持闭合，左转向信号灯和指示灯继续发亮。随着电容器的放电，电容器两端电压逐渐下降，其放电电流逐渐减小，则并联线圈的退磁力减弱，串联线圈的电磁吸力增强，触点又重新张开，灯变暗。如此反复，继电器的触点不断开闭，使转向信号灯和指示灯闪烁。灭弧电阻与触点并联，用来减小触点火花。

2. 晶体管式闪光器

目前晶体管闪光器的种类很多，但大体可分为两种：一种是全晶体管无触点闪光器；另一种是带继电器的有触点晶体管闪光器。由于后者使用的元件较少，成本较低，特别是继电器衔铁可周期性地吸合和释放，能发出有节奏的声响，可作为闪光器工作时的音响信号，所以使用较多。

带继电器的有触点晶体管式闪光器的结构如图 3-18 所示。它主要由三极管开关电路和继电器组成。当车辆右转弯时，接通电源开关和转向灯开关，电流从蓄电池正极→电源开关 SA →接线柱 B→电阻 R_1→继电器 J 的常闭触头 J→

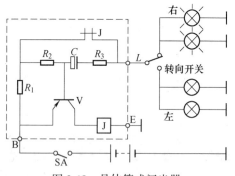

图 3-18 晶体管式闪光器

接线柱 L→转向灯开关→右转向信号灯→接铁→蓄电池负极，右转向信号灯亮。当电流通过 R_1 时，在 R_1 上产生电压降，晶体三极管 V 因正向偏压而导通，集电极电流 I_c 通过继电器 J 的线圈，使继电器常闭触头立即断开，右转向信号灯熄灭。

晶体三极管 V 导通的同时，V 的基极电流向电容器 C 充电。充电电路是：蓄电池正极→电源开关 SA→接线柱 B→V 的发射极 e→基极 b→电容器 C→电阻 R_3→接线柱 L→转向灯开关→右转向信号灯→搭铁→蓄电池负极。在充电过程中，随着电容器电荷的积累，充电电流 I_b 逐渐减小，三极管 V 的集电极电流 I_c 也随之减小，当此电流不足以维持衔铁的吸合而释放时，继电器 J 的常闭触点又重新闭合，转向信号灯再次发亮。同时电容器 C 通过电阻 R_2、继电器的常闭触头 J、电阻 R_3 放电。放电电流在 R_3 上产生的电压降为 V 提供反向偏压加速了 V 的截止。当放电电流接近零时，R_1 的电压降又为 V 提供正向偏压使其导通。这样，电容器 C 不断地充电和放电，三极管 V 也就不断地导通与截止，使转向信号灯发出闪光。

3. 闪光器的使用、维护与调整

（1）闪光器的使用与维护。

1）转向信号灯中的灯泡烧坏后，应换用同规格的灯泡，否则将不能正常工作，甚至烧坏闪光继电器。

2）闪光继电器的工作性能与其安装方式有一定关系，因此，必须按厂家的规定进行安装。

3）接线应正确。如标有"L"或"信号灯"的接线柱应与转向灯开关相连，标有"B"或"电源"的接线柱应与电源相连。标有"D"或"指示灯"的接线柱应与仪表板指示灯相连。

4）使用电容式闪光器时，应注意其搭铁极性。如接线错误，不但闪光继电器不能正常工作，而且还会使电容器损坏。

（2）闪光器的调整。

闪光灯闪光过快或过慢，往往是电路接触不良造成的，但如果灯泡功率与闪光器配合不当，也会出现闪光频率过快过慢或一快一慢的现象。灯泡的功率小或接触不良，电流就小，闪光的频率就降低。

因此，如果灯泡的闪光快慢不同，首先查看灯泡的功率是否一致，功率相等，就应将闪光慢的灯的线路连接处进行清洁。如以上均正常，而闪光过快时，可拆开闪光器外壳，将里面的单丝电阻拉紧一点，将活动触点与铁芯之间的气隙调大。

（三）常见故障维修

高速装载机和高速推土机信号系统电路如图 3-16 所示。下面介绍其常见故障排除方法。

转向信号灯的具体接线是：电源（+）→保险→闪光继电器→转向信号灯开关→右转向信号灯及指示灯（或左转向信号灯及指示灯）→搭铁→电源（-），如图 3-16 所示。

1. 转向信号灯全不亮

（1）故障原因。

1）保险丝断路、电源线路断路或灯系中有短路处。

2）闪光继电器损坏。

3）转向信号灯开关损坏。

（2）检查与排除方法。

检查保险丝是否熔断。若熔断，一般是灯系中有搭铁故障引起。可在断路的保险丝处串上一只试灯，再把转向信号灯开关的进线拆下，此时保险丝上串联的试灯亮，则为保险盒至转向灯开关这一段电路中有搭铁故障；若试灯不亮，则应接好拆下的导线，拨动转向信号灯开关，拨到哪一边试灯不亮，表明此电路正常，另一侧转向电路有搭铁故障。

若保险丝未断，一般是灯系中有断路故障。检查时可用起子短接闪光继电器的两个接线柱，接通转向灯开关，此时若转向信号灯全亮，就表明闪光继电器损坏，应更换；若出现一边转向灯亮，而另一边不亮，且出现强烈火花，这表明该边线路中存在搭铁故障，必须先排除故障，再换上闪光继电器。

2. 转向信号灯单边亮度和闪光失常

（1）故障原因。

在不少车型上，转向信号灯和示宽灯是采用一只双丝灯泡，出现这种现象，大多是不正常的一边的灯泡搭铁不良所致。如前小灯一般都采用双丝灯泡，其中21W灯丝作为转向信号灯丝，5W灯丝作为示宽灯丝。其接线如图3-19所示。

从图3-19中可以看出，如左小灯的灯座搭铁不良时，当把转向开关拨到左转向位置后，左转向信号灯本应闪烁发亮，但因搭铁不良，电流不能从搭铁点流入，经左转向灯丝和闪光继电器构成回路，所以左转向灯丝不亮。但电流可以从右转向灯的搭铁点流入，经该灯的5W灯丝和左转向灯的5W、21W灯丝、转向灯开关、闪光继电器构成串联回路。在串联电路中，电阻大（5W灯丝）分得的电压高，电阻小（21W灯丝）分得的电压低。因此，左右小灯中5W灯丝将发出微弱的光亮，而在21W的灯丝上，虽有电流流过，但因分得的电压低，故不会发亮。

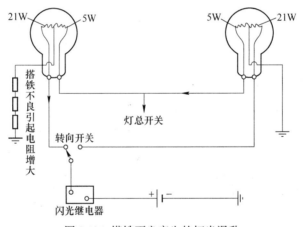

图3-19 搭铁不良产生的灯光混乱

（2）检查排除方法。

遇到这类现象，可将转向开关放在空挡，开亮示宽灯进行检验。如出现一边示宽灯亮度正常，另一边示宽灯亮度暗淡，表明亮度暗淡的示宽灯的搭铁不良所致。应排除搭铁不良故障。

3. 转向信号灯闪光频率不正常

（1）故障原因：

1）导线接触不良。

2）灯泡功率选用不当或某一边有一灯泡烧坏。

3）闪光继电器调整不当。

（2）检查排除方法。

检查闪光继电器、转向信号灯开关接线柱上接线是否松动，灯泡功率是否与规定相符，左右灯泡功率是否相同。对于电热丝式闪光继电器，灯泡功率对闪光频率影响很大，若灯泡功率小于规定，闪光频率就低；反之，闪光频率就高。对于电容式闪光器，则灯泡功率大，闪光频率高。若灯泡功率都符合规定，则应检查是否有某一只灯泡烧坏。

若左右转向信号灯闪光频率高于或低于规定，一般为闪光继电器失调，应予以调整，调整无效应更换新件。

4. 制动灯不亮

（1）故障原因：

1）制动开关损坏。

2）灯泡烧坏。

3）连接线路断路。

（2）检查排除方法。

按制动灯线路由前至后或由后至前的顺序逐段检查排除。

二、音响信号系统

音响信号的主要作用是通过声音向环境（如人、工程装备）发出有关工程装备运行状况的信息，以引起有关人员注意，确保工程装备行驶的安全。电磁振动式喇叭是广泛使用的音响信号装置，下面主要介绍电磁振动式喇叭的有关知识。

电磁振动式喇叭是靠电磁振动使金属膜片产生音响的装置，它的用途是在行车过程中根据需要和规定，发出必要的音响信号，警告行人和其他工程装备，以保证行车安全，同时还可用于催行与传递信号。

其结构形式有筒式、螺旋形和盆形，现代工程装备一般装用双音（高、低音）盆形低噪声电喇叭。

（一）基本结构

电喇叭由振动机构和电路断续机构组成。

盆形低噪声电喇叭的结构如图 3-20 所示。振动机构主要由铁芯、线圈、衔铁、膜片等组成，断续机构主要由触点臂、触点等组成。

电磁铁采用螺旋管结构，在磁轭上绕有线圈，衔铁和铁芯之间的空气隙在线圈与磁轭中间，能产生较大的电磁力。衔铁、膜片和共鸣板一起固定在中心轴上。触点与线圈串联，为常闭式。为了保护电喇叭触点，一般在触点之间并联一只电容器（或消弧电阻）。

（二）工作原理

按下喇叭按钮，喇叭线圈通电。电流从蓄电池"＋"→线圈→触点→按钮→搭铁→蓄电池的"－"极，构成回路。线圈通电，产生磁场，铁芯被磁化，吸动衔铁，带动膜片中心下移，同时压铁运动，压迫触点臂，使触点打开，线圈断电，磁场消失，衔铁连同膜片回位。当衔铁回位后，触点再次闭合……如此周而复始，触点以一定的频率时开、时闭，

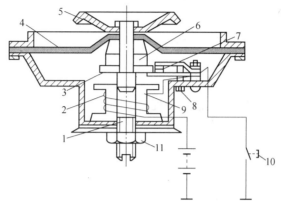

图 3-20　盆形电喇叭

1—铁芯；2—线圈；3，6—衔铁；4—膜片；5—共鸣板；7—触点；8—调整螺钉；
9—磁轭；10—按钮；11—锁紧螺母

电路时通、时断，膜片不断振动发出声响。通过共鸣板共振，发生共鸣，从而产生比基本振动强且又集中的谐音。

（三）双音喇叭及继电器

双音喇叭由于有良好的指向性和较强的噪声穿力，所以在工程装备上常装用两个音频不同的喇叭，使音调、音色更加和谐悦耳。为了防止双音喇叭工作时的大电流（15～20A）烧蚀喇叭按钮触点，在双音喇叭与按钮之间加装了喇叭继电器。结构如图 3-21 所示，其工作原理如下。

按下喇叭按钮，由蓄电池或发电机向喇叭继电器线圈供电，其路径为：

蓄电池（或交流发电机）正极→喇叭继电器电源接线柱 B→线圈→喇叭继电器按钮接线柱"S"→按钮→接铁→蓄电池（或交流发电机）负极。

当喇叭继电器线圈通电后，产生磁场，铁芯被磁化，于是克服了喇叭继电器弹簧的张力，吸下活动触点臂，使触点闭合，接通了喇叭电路，其路径为：

蓄电池（或交流发电机）正极→喇叭继电器"电源"接线柱"B"→触点→喇叭继电器喇叭接线柱"H"→喇叭触点→线圈→接铁→蓄电池（或交流发电机）负极。

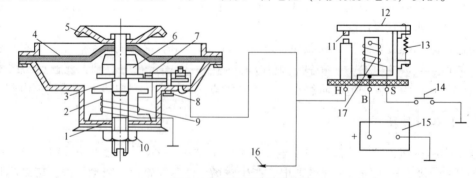

图 3-21　双音喇叭及继电器

1—喇叭下铁芯；2，17—线圈；3—喇叭上铁芯；4—音片；5—共鸣板；6—衔铁；7—触点；8—调整螺钉；9—铁芯；
10—锁紧螺母；11—继电器触点；12—活动触点臂；13—弹簧；14—按钮；15—蓄电池；16—接另一喇叭线

喇叭线圈通电后产生磁场，铁芯被磁化，吸动衔铁，于是音片被拉动变形，产生声响。但由于衔铁的运动又压迫触点臂，使触点张开，线圈断电，磁场消失，衔铁连同音片回位，于是音片又产生第二次声响。当衔铁退回后，触点再次闭合……如此周而复始，触点以一定的频率时开、时闭，电路时通、时断，音片连续振动发出具有一定频率的声响直至喇叭按钮被释放。

（四）喇叭的检查调整

喇叭的调整内容有音量调整和音调调整两个方面，调整部位如图3-22所示。

1. 音量调整

音量的大小取决于电流的大小，而电流的大小与触点的压力有关，因此可以通过调整喇叭触点的接触压力实现音量调整。将调整螺钉顺时针方向旋转，触点接触压力减小，电流减小，音量减小；反之，逆时针旋转调整螺钉，音量增大。

2. 音调调整

音调的高低取决于膜片的振动频率，而振动频率又决定于衔铁与铁芯之间的气隙，所以调整气隙就可调整音调。松开锁紧螺母，将铁芯顺时针旋入，减小衔铁与铁芯之间的气隙，音调提高；反之，将铁芯旋出，使衔铁与铁芯之间气隙增大，音调降低。

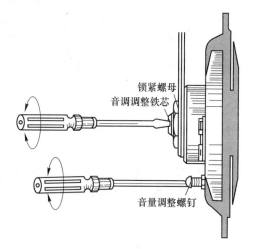

图3-22 盆形电喇叭调整

（图中标注：锁紧螺母、音调调整铁芯、音量调整螺钉）

（五）常见故障排除

1. 喇叭不响

（1）故障原因：

1）喇叭按钮烧蚀和接铁不良。

2）喇叭继电器线圈断路、短路与搭铁，触点烧蚀，弹簧张力过大。

3）喇叭触点烧蚀，调整螺钉调整不当，线圈断路、短路与搭铁。

4）连接导线松脱、断路，保险丝烧断。

（2）检查排除方法。

用直流试灯法检查喇叭继电器电源线。将试灯一端接继电器"电源"接线柱 B，另一端接铁。若试灯不亮，表明保险丝或导线断路；若试灯亮，表明喇叭、继电器、按钮及导线等有故障。

用起子短接继电器"喇叭"接线柱 H 和"电源"接线柱 B。若喇叭响，表明继电器、按钮或按钮的导线断路。将继电器"按钮"接线柱 S 接铁，若喇叭响，表明按钮或导线存在故障，应检修按钮，查其连接线；若喇叭不响，表明继电器存在故障，应检修或更换。

2. 双音喇叭的一只喇叭不响

（1）故障原因：喇叭触点烧蚀、调整不当，线圈短路、断路与搭铁，喇叭连接导线松脱或断路。

（2）检查排除方法：首先用试灯法或对调两喇叭连接导线来检查导线有无断路，若导线良好，应调整或修理喇叭，必要时更换。

3. 喇叭音量过小

（1）故障原因：

1）继电器触点烧蚀。

2）导线松动。

3）喇叭触点烧蚀、调整不当，线圈局部短路。

（2）检查排除方法：用起子短接喇叭继电器"喇叭"、"电源"两接线柱。若喇叭音量提高，表明喇叭继电器触点烧蚀，应拆开检修；若音量不变，检查喇叭导线，若无松动，应调整喇叭触点间压力，必要时检修喇叭线圈。

4. 喇叭音质不佳

（1）故障原因：

1）喇叭音片破裂，音片上尘土太多，锁紧螺母松动，共鸣片松动。

2）喇叭安装松动。

（2）检查排除方法：检查喇叭安装情况，若有松动应紧固。若无松动，应拆检喇叭音片，若音片破裂，应更换音片或喇叭。

复 习 题

3-1 工程装备常用的外部和内部照明灯具有哪些，各有什么功能？

3-2 前照灯由哪几部分组成，各部分作用是什么？

3-3 前照灯常出现的故障有哪些，如何排除故障？

3-4 简述电子闪光继电器的工作原理。

3-5 常用灯光信号装置有哪些？

3-6 试述电喇叭工作原理。

3-7 喇叭继电器的功用是什么？

3-8 灯光音响信号装置常见故障及排除方法。

第四章　电气仪表及电控系统构造与维修

现代工程装备都装有各种仪表或电子监控系统，用来监测发动机及其他工作部件的工作情况，以帮助操作手了解装备运行工况和正确操作。

第一节　电气仪表构造与维修

一、常见仪表构造及工作原理

为了使工程装备处于良好的工作状态，及时发现和排除可能出现的故障，工程装备上均安装了很多检测仪器，如电流表、燃油表、机油压力表（油压表）、水温表、车速里程表以及发动机转速表等。

（一）电流表

电流表串联在发电机充电电路中，用于指示蓄电池充电或放电的电流强度。电流表按结构形式可分为电磁式和动磁式两种。

1. 电磁式电流表

电磁式电流表的结构和工作原理如下所示。

（1）结构。如图4-1所示，电流表内的黄铜板条固定在绝缘底板上，两端与接线柱 1 和接线柱 3 相连。黄铜板的一侧夹有永久磁铁。在轴上装有带指针的软钢转子。

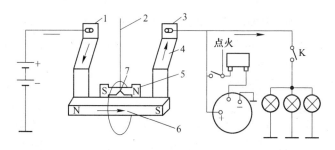

图4-1　电磁式电流表

1，3—接线柱；2—指针；4—黄铜板条；5—软钢转子；6—永久磁铁；7—轴

（2）工作原理。当无电流通过电流表时，软钢转子在永久磁铁的作用下被磁化，软钢转子磁化的极性与永久磁铁的极性相反，因而两者相互吸引，使指针保持在中间"0"的位置。

当有电流流过黄铜板条时，便在它的周围产生一个和永久磁铁磁场垂直的电流磁场。电流磁场和永久磁铁的磁场形成合磁场。合成磁场必然对应永久磁铁磁场偏转一个角度，流过黄铜板条的电流越大，合成磁场偏转角度就越大，于是转子轴在合成磁场的作用下，也偏转一个相同的角度，并带动指针，指示出黄铜板条上通过电流的大小。若电流反向流过黄铜板条时，则转子轴也随之反向偏转。

表盘上位于"0"的两侧，标有"+"和"-"的符号，分别指示蓄电池的充电和放电。

2. 动磁式电流表

动磁式电流表的结构和工作原理如下所示。

（1）结构。如图 4-2 所示，黄铜导电板 3 固定在绝缘底板上，两端与接线柱 1 和 4 相连，中间装有磁轭 6，指针 2 和永磁转子 5 的针轴安装在导电板上。

（2）工作原理。当电流表无电流通过时，永磁转子通过磁轭构成回路，使指针保持在中间位置，示值为"0"。

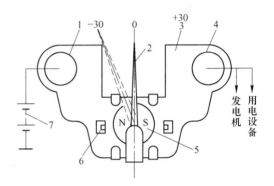

图 4-2　动磁式电流表

1，4—接线柱；2—指针；3—导电板；

5—永久磁铁转子；6—磁轭

当蓄电池处于放电状态时，电流通过蓄电池"+"极→接线柱 1→导电板→接线柱 4→用电设备→搭铁→蓄电池"-"极，形成回路，导电板周围产生电磁场，使安装在针轴上的永磁转子带动指针向"-"值方向偏转一定角度，指示出放电电流值，放电电流越大，永磁转子偏转角度越大，示值越大。

当蓄电池处于充电状态时，电流以相反的方向通过导电板，电磁场方向相反，所以永磁转子带动指针向"+"示值方向偏转一定的角度，指示出充电电流的大小。

3. 电流表的检查与调整

电流表的检查与调整包含以下内容。

（1）良好的电流表用手晃动时，指针应能灵活摆动，停止晃动时指针应能很快停在"0"。如果指针摆动呆滞，多为转子轴的轴承过紧，应加以调整；如果指针不能回到"0"位，可拨动配重块进行校准。若指针虽能灵活摆动，但不能迅速停在"0"位，可能是永久磁铁退磁所致，应进行充磁。

（2）当通电后，指针偏转迟缓，读数比标准值低时，一般为转子轴和轴承磨损或指针碰擦卡住，应拆开电流表进行检查。如果轴和轴承磨损，应更换；如为指针歪斜而碰擦，可用镊子校正指针。当电流表的读数比标准值高时，一般为永久磁铁磁性减弱，应进行充磁。当电流表指针向一边偏斜角度大，而向另一边偏斜角度小时，一般为转子不正，指针碰擦，应拆开检修。

充磁时，用永久磁铁或电磁铁与电流表永久磁铁的异性磁极接触一段时间，即可恢复原有的磁性。如磁性过强，则会使读数偏低，应予退磁。其方法与充磁相同，所不同的是与同性磁极接触一段时间。

检验电流表的准确度时，用标准的直流电流表（-30A~0A~30A）及可变电阻（0~50Ω，电流量为 30A），与被试电流表串联在一起，接通蓄电池电流，逐渐减小可变电阻值，比较两个电流表的读数，如果相差在 20% 的范围内，可以认为电流表的工作正常，否则，应予修理。

（二）电压表

机械车辆电源系统中装有电压表，以指示电源系统的工作情况，作为与电流表形式不同的电源指示装置。电压表与负载并联连接，并且电压表受点火开关控制，其电路如图4-3所示，电压表的作用有：指示发电机及调节器工作状况；指示蓄电池的技术状况。

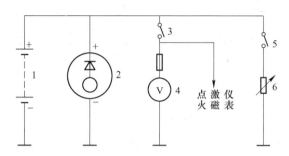

图 4-3　电压表的电路连接

1—蓄电池；2—发电机；3—点火开关；4—电压表；5—开关；6—用电设备

电压表按结构形式可分为电热式和电磁式两种。

1. 电热式电压表

电热式电压表的构造和工作原理如下所示。

（1）构造。

电热式电压表构造如图4-4所示，它由"Π"形双金属片及绕在其上的电热丝、指针、调整机构及刻度盘等组成。

（2）工作原理。

当在两接柱间加有一定电压时，电热丝中有电流通过而发热，导致"Π"形双金属片变形，结果推动指针摆动。接柱两端加的电压升高，电热丝发热量增加，双金属片变形量增大，则指针偏转角度增大，反之，电压降低，则指针偏转角度减小。

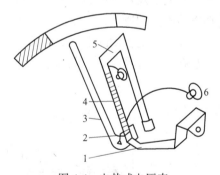

图 4-4　电热式电压表

1—支架；2—挂钩；3—指针；4—电热丝；
5—"Π"形双金属片；6—接线柱

双金属片制成"Π"形可补偿环境温度变化的影响，未绕电热丝的双金属片的长边称为补偿臂。环境温度变化对工作臂的影响，恰好被补偿臂的变形而补偿，电热式电压表结构简单，但当接通或切断电源时，指针摆动较迟缓。

2. 电磁式电压表

电磁式电压表其构造由两只十字交叉布置的电磁线圈、永久磁铁、转子、指针及刻度盘组成，如图4-5所示。两只电磁线圈与稳压管 VS 及限流电阻 R 串联，稳压管的作用是当电源电压达到一定数值后，才将电压表电路接通。在电压表未接入电路或电源电压低于稳压管的击穿电压时，永久磁铁将转子磁化，保持指针在初始位置（9V）。接通电压表电

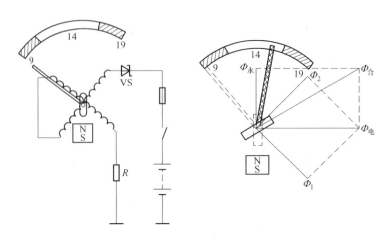

图 4-5　电磁式电压表

路，电源电压达到稳压管击穿电压后，电磁线圈通过电流 I_1 和 I_2，产生磁场 Φ_1 和 Φ_2 将转子磁化，磁场的方向是 Φ_1 和 Φ_2 的合成磁场的方向，该合成磁场与永久磁铁磁场相互作用，使转子带动指针偏转。电源电压越高，通过电磁线圈的电流就越大，其电磁场就越强，因此指针的偏转角度就越大。

（三）机油压力表

机油压力表是工程装备上必不可少的仪表，其作用是在发动机运转时，指示发动机机油压力的大小及发动机润滑系工作是否正常。机油压力表由装在仪表盘上的油压指示表和装在发动机主轴道上或粗滤器壳上的油压传感器组成。

工程装备上所用的电热式机油压力表的结构如图 4-6 所示。油压传感器为一圆盒形，其内装有一金属膜片 2，膜片的下方为油腔 1，与润滑系的主油道相通。膜片上方的中部

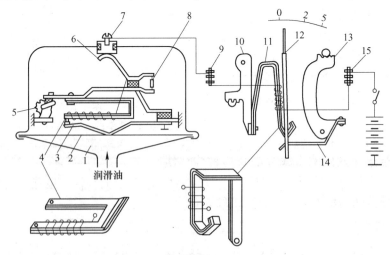

图 4-6　电热式油压表的构造

1—管接头及油腔；2—膜片；3—弓形弹簧片；4—传感器双金属片；5—调整齿轮；6—接触片；7—传感器接线柱；8—校正电阻；9，15—指示表接线柱；10，13—扇形调节齿；11—指示表双金属片；12—指针；14—弹簧片

顶着弯曲的弹簧片 3，弹簧片的一端固定在外壳上并搭铁，另一端焊有触点。双金属片 4 上绕有加热线圈，线圈的一端直接与双金属片的触点相连，另一端经接触片 6 和接线柱 7 与指示表相连。校正电阻 8 与加热线圈并联。

油压指示表内装有一特殊形状的双金属片 11，它的一端弯成钩状，并钩在指针 12 上，另一端则固定在扇形调节齿 10 上。双金属片 11 上也绕有加热线圈，线圈的两端分别接在指示表的接线柱 9 和 15 上。

当电源开关接通时，油压指示表及油压传感器中有电流通过，电流由蓄电池正极→点火开关→接线柱 15→指示表双金属片 11 的加热线圈→指示表接线柱 9→传感器接线柱 7→接触片 6→传感器双金属片 4 的加热线圈→双金属片 4 的触点→弹簧片 3→搭铁→蓄电池负极。由于电流流过双金属片 4 和 11 上的加热线圈，使双金属片受热变形。

油压很低时，传感器膜片 2 几乎没有变形，这时触点压力甚小。当电流流过而温度略有上升时，双金属片 4 就弯曲，使触点分开，电路即被切断。经过一段时间后，双金属片冷却伸直，触点又闭合，电路又被接通。上述过程循环不断，触点每分钟约开闭 5~20 次。由于油压很低时，触点压力小，双金属片稍有变形就会使触点打开，所以触点打开的时间较长，闭合的时间较短，变化的频率也较低，这样通过指示表加热线圈的电流平均值就很小，双金属片 11 的弯曲变形不大，指针只略向右偏移，指示较低油压值。

油压升高时，膜片 2 向上拱曲，触点间的压力增大，双金属片 4 向上弯曲程度增大。这样，只有在加热线圈通过较长时间的电流，双金属片 4 有较大的变形时，触点才能打开，而且触点打开不久，双金属片稍一冷却，触点又很快闭合。因此，当油压高时，触点闭合的时间较长，断开的时间较短，且频率也高，通过指示表加热线圈的平均电流值大，双金属片 11 的变形大，于是其钩住指针 12 向右偏转一较大的角度，指示出较高的油压值。为了使油压的指示值不受外界温度的影响，双金属片 4 制成"Ⅱ"字形，其上绕有加热线圈的一边称为工作臂，另一边称为补偿臂。当外界温度变化时，工作臂的附加变形被补偿臂的相应变形所补偿，使指示值保持不变。在安装传感器时，必须使传感器壳上的箭头向上，不应偏出±30°位置，使工作臂产生的热气上升时不致对补偿臂产生影响，造成误差。

（四）水温表

水温表用来指示发动机冷却水的温度。它由装在仪表板上的水温指示表和装在发动机气缸盖水套上的水温传感器组成。水温表有电热式（双金属片式）和电磁式两种。

1. 电热式水温表

电热式水温表的结构如图 4-7 所示。水温指示表的结构与油压指示表相同，二者只是在刻度上有区别。水温表的刻度值是从右至左逐渐增大，分别标有 40、80、100，单位为℃。水温传感器又称感温塞，是一个密封的套筒，内装有条状的双金属片，其上绕有加热线圈。线圈的一端焊在双金属片上，另一端经接触片 5 与接线柱 7 相连。双金属片的端部铆有触点，其与支架 2 上的触点 3 相接触，双金属片在安装时对触点 3 有一定预压力。

水温表的工作原理与油压表相似。当水温很低时，双金属条形片 4 经加热变形向上弯曲，使触点分开，由于周围温度较低，很快冷却，触点又重新闭合。故流经加热线圈的平均电流大，指示表中双金属片 9 变形大，指针指向低温。当水温增高时，传感器密封套筒内温

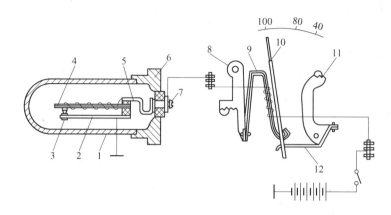

图 4-7　电热式水温表

1—水温传感器铜外壳；2—底板支架；3—可调整触点；4—双金属条形片；5—接触片；6—铁壳；
7—接线柱；8，11—调整齿扇；9—双金属片；10—指针；12—弹簧片

度也增高，因此，双金属条形片 4 受热变形后冷却的速度减慢，使触点断开时间增长，闭合时间缩短，流经加热线圈的平均电流减小，双金属片 9 变形减小，指针偏转小，指示较高温度。

2. 电磁式水温表

电磁式水温表的结构简图如图 4-8 所示。水温传感器壳体内装有一片状的热敏电阻，热敏电阻用半导体材料制成。水温传感器多采用负温度系数的热敏电阻，其阻值随温度的升高而减小。电磁式水温指示表中装有线圈 L_1 和 L_2，L_1 和传感器串联，L_2 和传感器并联。两个线圈的中间装着带有指针的衔铁。

当点火开关接通时，电流流过水温指示表和传感器，其电路由蓄电池正极→点火开关→线圈 L_1 →传感器热敏电阻→搭铁→蓄电池负极。

线圈 L_2 中同时有电流流过，其电路由蓄电池正极→点火开关→线圈 L_2 →搭铁→蓄电池负极。

当冷却水温度较低时，传感器内热敏电阻的阻值较大，流经线圈 L_1 和 L_2 的电流相差不多，两线圈产生的合成磁场使带指针的衔铁向

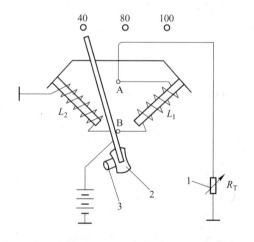

图 4-8　电磁式水温表

1—热敏电阻；2—传感器；3—衔铁

左偏转，指针指向低温刻度。当冷却水温度升高时，热敏电阻的阻值减小，线圈 L_1 中的电流明显增大，两线圈产生的合成磁场使带指针的衔铁向右偏转，水温表的指针指向高温刻度。

(五) 燃油表

燃油表用来指示燃油箱内储存燃油量的多少。它由装在仪表板上的燃油指示表和装在

燃油箱内的传感器两部分组成。燃油表有电磁式和电热式两种。

1. 电磁式燃油表

电磁式燃油表的构造如图4-9所示。指示表为电磁式，结构和电磁式水温指示表基本相同。表内互成一定角度的两线圈一个与传感器串联，另一个与传感器并联，装有指针的软钢转子10位于两线圈的中间。指示表的刻度盘上从左至右标有0、1/2、1，分别表示油箱内无油、半箱油、满油。可变电阻式传感器由电阻4、滑片2及浮子1等组成。浮子漂浮在油面上，随油面高度的变化而起落，从而带动滑片使电阻4的阻值也随之改变。

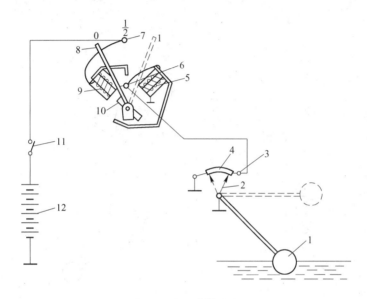

图4-9　电磁式燃油表
1—浮子；2—滑动接触片；3—接线柱；4—电阻；5—右线圈；6、7—指示表接线柱；8—指针；
9—左线圈；10—转子；11—点火开关；12—蓄电池

当油箱无油时，浮子下降到最低位置，电阻4被短路，此时指示表中的右线圈5也随之被短路，无电流通过，而左线圈9承受电源的全部电压，通过的电流达到最大值，产生的电磁吸力最强，吸引转子，使指针指在"0"位上。

随着油箱中油量的增加，浮子上升，电阻4部分被接入，并与右线圈5并联，同时又与左线圈9串联。此时左线圈9中因串联了电阻，线圈的电流相应减小，使左线圈电磁吸力减弱，而右线圈5中有电流通过，产生磁场，使转子10在两磁场的作用下，向右偏转。

当油箱盛满油时，浮子带动滑片2移动到电阻4的最左端，使电阻全部接入。此时左线圈中的电流最小，右线圈中的电流最大，转子带着指针向右偏移角度最大，指在"1"的刻度，表示油箱已盛满油。

传感器的电阻4末端搭铁，可以避免滑片2与电阻4接触不良时产生火花而引起火灾。

2. 电热式燃油表

电热式燃油表的指示表结构与电热式水温表的指示表相同，二者只是刻度不同。传感器仍为可变电阻式传感器。此外，为了稳定电源电压，在电路中串接了一个稳压器，电热式燃油表的结构如图4-10所示。

当油箱无油时，传感器中的浮子处于最低位置，此时电流由蓄电池正极→点火开关→稳压器触点4、3→稳压器双金属片1→燃油指示表加热线圈5→传感器电阻8→滑片9→搭铁→蓄电池负极。由于传感器电阻全部串入电路中，流过指示表加热线圈5中的电流很小，所以双金属片6几乎不变形，指针指在"0"处，表示油箱无油。

当油箱的油量增加时，传感器的浮子10上浮，滑片9左移，使部分电阻接入电路，于是流入加热线圈5中的电流增大，双金属片受热弯曲而带动指针7向右移动，指出油量的多少。

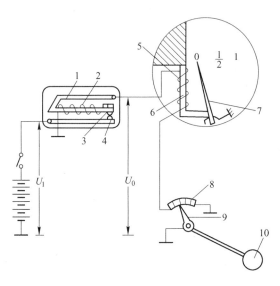

图4-10　电热式燃油表

1—双金属片；2—加热线圈；3—动触点；4—静触点；5—指示表加热线圈；
6—双金属片；7—指针；8—传感器电阻；9—滑片；10—浮子

流经加热线圈5的电流，除了与传感器的电阻值有关外，还与供电电压有关。由于蓄电池与发电机之间具有一定的电位差，并且二者的输出电压都不是一个恒定值，这就会使电热式（或双金属片式）指示表的示值出现较大误差。因此，为了提高指示精度，电热式仪表都必须增设仪表稳压器。

稳压器的工作过程如下：当稳压器触点处于闭合状态时，输出电压与输入电压相等，此时，稳压器的双金属片因加热线圈通电被加热而变形向上挠曲，使触点打开。当触点打开后输出电压为零，双金属片因不再受热而逐渐冷却，挠曲消失，触点重新闭合。如此反复变化，使稳压器输出脉冲电压。当输入电压增加时，由于流过稳压器加热线圈的电流增大，产生的热量多，因此，用较短的时间就可使触点打开。而触点打开后，由于双金属片受热挠曲变形量增大，需较长的时间才能使触点闭合，这样尽管输入电压增加，但因触点闭合时间缩短，打开时间增长，输出电压的平均值保持不变。反之，当输入电压降低时，因流过稳压器加热线圈电流减小，产生的热量少，双金属片受热挠曲变形量也减小，于是使触点闭合时间增长，打开时间缩短，输出电压的平均值仍保持稳定。

对于传感器和指示表均为双金属片式的仪表，如电热式水温表，其本身就具有稳定电压的功能，因此就不再需要用电源稳压器。

有的工程装备上还装有副油箱，这时在主副油箱中必须各装一个传感器，并在传感器和燃油指示表之间安装一转换开关，从而可实现由一个指示表分别检测两个油箱的贮油量。

（六）车速里程表

车速里程表是用来指示工程装备行驶速度和累计行驶里程的仪表，它由车速表和里程表两部分组成。图 4-11 所示为机械传动磁感应式车速里程表的结构图。

车速里程表由变速器（或分动器）输出轴上的一套蜗轮蜗杆以及挠性软轴来驱动。车速表由与转轴 10 固装在一起的永久磁铁 1、带有轴与指针 6 的铝罩 2、磁屏 3 和紧固在车速里程表外壳上的刻度盘 5 等组成。

不工作时，铝罩 2 在游丝（盘形弹簧）4 的作用下，使指针位于刻度盘的零位。当工程装备行驶时，转轴 10 带动永久磁铁 1 旋转，永久磁铁在铝罩上引起涡流。旋转的永久磁铁磁场与铝罩的涡流磁场相互作用产生转矩，克服游丝的弹力，使铝罩 2 朝永久磁铁转动的方向旋转，与游丝相平衡。于是铝罩带动指针转过一个与转轴 10 转速成比例的角

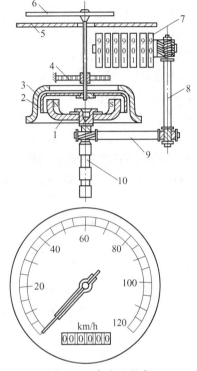

图 4-11　车速里程表
1—永久磁铁；2—铝罩；3—磁屏；4—游丝；
5—刻度盘；6—指针；7—数字轮；
8, 9—蜗轮蜗杆轴；10—转轴

度，指针便在刻度盘上指示出相应的车速。车速越高，永久磁铁 1 旋转越快，铝罩 2 上的涡流转矩越大，使铝罩带着指针偏转的角度越大，因此指针在刻度盘上指示的车速值就越大。反之，指示的车速值则小。

里程表由蜗轮蜗杆机构和数字轮组成。蜗轮蜗杆具有一定的传动比，工程装备行驶时，软轴带动转轴 10，并经三对蜗轮蜗杆驱动里程表右边第一数字轮。第一数字轮上所刻数字为 1/10km，两个相邻的数字轮之间又通过本身的内齿和进位数字轮传动，形成 1/10 的传动比。当第一数字轮转动一周，数字由 9 翻转到 0 时，则相邻的左边第二数字轮转动 1/10 周，成十进位递增，这样按十进制依次转动下去，可以累计出行驶的总里程数。一般最大计数值为 999999.9km，超过此里程后，全部数字轮又从 0 开始重新累计。

（七）发动机转速表

为了检查和调整发动机以及监视发动机的工作情况，工程装备一般都装有发动机转速表。

发动机转速表有机械式和电子式两种。由于电子式转速表指示平稳、结构简单、安装方便，所以被广泛采用。

柴油机转速表通过转速传感器（或交流发电机的电压信号）将曲轴转动的角位移转

化为脉冲信号,然后经整形放大,驱动磁电式指示仪表而指示出相应的转速。

目前柴油机广泛采用变磁阻式转速传感器,其通过螺纹固定在发动机正时齿轮室盖或飞轮壳上。工作时,传感器输出的交流信号的频率随发动机的转速而变化。

电子转速表的电路如图 4-12 所示。它由传感器、整形放大电路、微分电路、开关电路及指示仪表(磁电式毫安表)等组成。当转速传感器输出的交变信号处于负半周时,晶体管 V_1 由导通转为截止,在其集电极输出近似矩形的脉冲电压(削波整形放大作用),经 C_2、R_2、R_3、R_4 和 R_8 组成的微分电路产生尖脉冲,触发由 V_2 等组成的开关电路,使 V_2 导通。只要 V_1 的截止时间大于 V_2 输出脉冲的宽度,则 V_2 输出的脉冲宽度实际上就能保持不变,加之稳压管 V_3 的作用,使得脉冲的幅度也将保持不变。这样传感器每输出一个周期的交变信号,转速指示表便得到一个定值的脉冲。脉冲电流的平均值与发动机的转速或脉冲的频率成正比,脉冲电流作用于转速指示表,从而可指示出相应的发动机转速值。

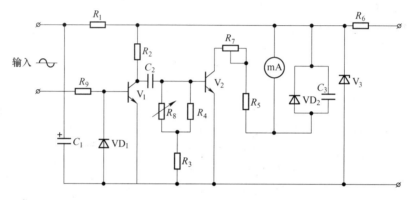

图 4-12 柴油机电子转速表电路图

二、电气仪表电路的连接

车辆上的电气测量仪表必须在发动机起动后的整个工作过程中都能及时准确地指示出各部数据的变化情况。为此,仪表电路只能受点火开关控制。其接线原则是:各种传感器应分别接到相应指示表的接线柱上,各指示表的另一接线柱互相并联后,经过仪表保险、点火开关、电流表接于蓄电池正极。

高速推土机仪表电路如图 4-13 所示。

三、常见故障排除

仪表常见的故障有不工作或指示不准确。

(一)仪表不工作

仪表不工作是指点火开关接通后,在发动机运转过程中指针式仪表的指针不动或数字式仪表没有显示或显示一直不变。

1. 原因

仪表不工作故障主要原因有:保险装置及线路断路,仪表、传感器及稳压电源有故障等。

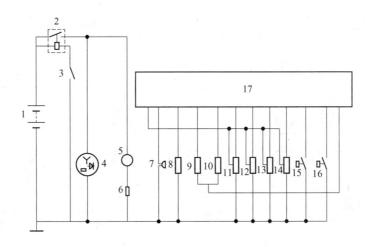

图 4-13 高速推土机仪表电路

1—蓄电池；2—电源总开关；3—点火开关；4—交流发电机；5—电子车速表；6—车速传感器；7—蜂鸣器；

8—发动机转速传感器；9—发动机水温传感器；10—变矩器油温传感器；11—发动机油压传感器；

12—前制动气压传感器；13—后制动气压传感器；14—变速箱油压传感器；15—先导滤油器报警开关；

16—空气滤清器报警开关；17—电子监测仪

2. 诊断与排除

诊断与排除如下：

（1）如果所有仪表都不工作，通常是由于保险装置、稳压电源有故障，或仪表电源线路、搭铁线路断路引起的。可先检查保险装置是否正常，然后检查线头有无脱落、松动，电源线路及搭铁线路是否正常，最后检查、修理稳压电源。

（2）如果个别仪表不工作，一般是由于仪表、传感器有故障，或对应线路断路等引起的，以水温表为例，介绍一下水温表不工作的诊断步骤。水温表不工作的诊断步骤，如图 4-14 所示。

（3）电子仪表用试灯模拟传感器进行检查。如果连接传感器的导线通过试灯搭铁后仪表恢复指示，则说明传感器损坏，应予以更换；如果仍没有指示，应检查传感器与仪表之间的线路连接情况。若线路正常，则说明仪表有关显示部分有故障，应予以检修或更换。

（二）仪表指示不准确

当发动机正常运转时，冷却水温度应在 80～95℃ 之间；机油压力表读数应不低于 0.15MPa，正常压力应为 0.2～0.4MPa，最高压力应不超过 0.5MPa。如果仪表指示值不能准确地反映实际的大小，则称仪表指示不准确。

1. 原因

仪表、传感器及稳压电源等有故障。

2. 诊断与排除

（1）多数仪表指示不准确，通常是由于稳压电源有故障或仪表搭铁线路不良等引起的，应分别予以检修。

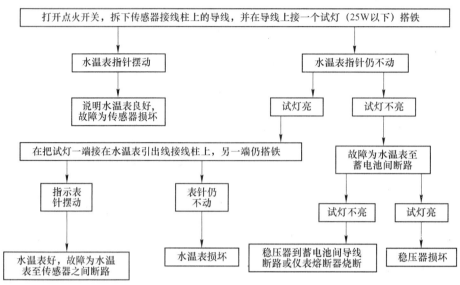

图 4-14　水温表不工作的诊断步骤

（2）个别仪表指示不准确，一般是由于仪表或传感器的故障引起。此时可参照有关车型技术规范，用标准的传感器对仪表进行校准检查，或用标准的仪表检校，发现异常时则应用同型号的传感器或仪表予以更换。

第二节　电控系统组成与维修

工程装备的电控系统按照功能进行划分，有底盘电子控制分系统、作业控制分系统和电子信息分系统。三者构成了装备的综合电子信息系统，它们之间通过 CAN 总线互联实现数据共享与交流，其中底盘电子控制系统包含于底盘，用于对车辆的操纵和行进进行控制；作业控制系统包含于作业装置，主要用于控制工程装备的作业；电子信息分系统主要用于通信指挥、情报传输、定位导航和状态监视等。

工程装备的电气控制系统一般是由负责提供信息输入的传感器、负责信息处理的控制器和负责信息输出的执行器组成。电气控制系统在工程装备中所起的作用相当于神经系统在人体中一样，主要实现工程装备作业的自动化和智能化，保障作业的安全可靠。

作为工程装备的维修技术人员，要掌握对电气控制系统的故障诊断与检修，必须掌握该型工程装备电气控制系统的组成和工作原理，还要掌握电气控制系统检修的基本知识。

一、工程装备电控系统组成与工作原理

正确地处理电气控制系统的故障，首先要明确电气控制系统与常规的电气系统的差异，其次是掌握工程装备电气控制系统的基本组成和工作原理，再次要熟悉工程装备电控系统元件的检修技巧。

（一）工程装备电气控制系统与常规的电气系统的差异

常规电气系统的线路如图 4-15 所示。常规电气系统具有明显的回路确定性，即电从

哪里来，经过负载回到哪里。开关确定了对应负载的控制，如开关 K_1 控制灯光的亮灭，开关 K_2 控制电动机的旋转与停止，开关 K_3 控制加热器的工作，开关 K_4 控制电磁阀的工作。因此，每一个负载回路是确定的。

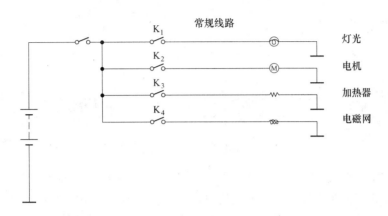

图 4-15 常规电气系统的结构模型

如果开关 K_2 闭合时，发现电动机和灯光同时工作了，则说明灯光电路与电动机电路相互间短路了。现如果需要实现以下的功能：开关 K_1 只控制灯光亮灭，但开关 K_2 闭合时需要同时控制灯光的间隙性亮灭和电动机的间隙性工作，为完成以上功能，对图 4-16 的线路进行常规性改造，会显得很复杂且无头绪，电控系统的模型（含电子控制器）的出现，则可很好地解决这些问题，工程装备电控系统的结构模型如图 4-16 所示。

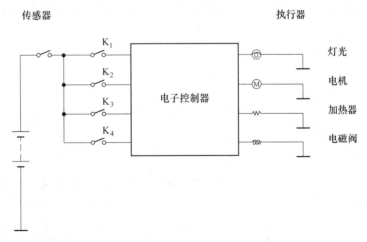

图 4-16 工程装备电控系统的结构模型

当需要实现开关 K_1 只控制灯光亮灭，但开关 K_2 闭合时需要同时控制灯光的间隙性亮灭和电动机的间隙性工作时，只要通过对电子控制器的软件功能进行修正即可。

(二) 工程装备电气控制系统控制原理与基本组成

电控系统的核心是控制，即电子控制单元 ECU，而控制是需要判断的，完成判断的前提是必须获得足够的输入电信号（表征输入物理状态的变化），控制功能完成的质量则取决于执行器（输出装置）及反馈的完善程度。工程装备电控系统的控制原理与基本组成如图 4-17 所示。

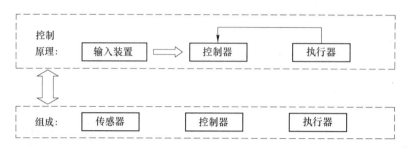

图 4-17 工程装备电控系统的控制原理与基本组成

最基本的电控系统可以只有传感器、控制器与执行器而无反馈装置，这就是平常所说的开环控制系统；而带有反馈装置的电控系统模型，则称为闭环控制系统。闭环控制系统由于采用了反馈装置，因此主要用于控制精度要求高的场合，闭环控制系统的质量则取决于反馈控制的稳定性。

1. 电控系统的输入装置

常见的输入装置主要有传感器与开关两种，由于传感器是主要的输入装置，因此电控系统的输入装置大多情况下俗称传感器。实际上，电控系统的输入装置是基于物理状态变化的，它把原始的机电、液压、气压等物理状态变化（如温度变化、压力变化、角度变化等）转化为了电控单元所能识别的电信号。通俗地讲，电控系统的输入装置相当于人的感知器官，用于感受来自外界的各种信息。因此，在实际检修过程中，对电控系统的传感器信号的检测一定要注意不同物理状态变化下的电信号变化是否吻合，切忌只以单一物理状态下有电信号检测作为判断的依据。

2. 电控系统的输出装置

通俗地讲，电控系统的输出装置相当于人的手和足，专门用于做出各种动作。因此工程装备电控系统的输出装置也俗称执行器，主要有电动机、电磁阀、继电器、仪表等。执行器是受电控单元的控制，具体执行电控单元某项控制功能的装置，即输出装置是依附于控制器控制功能的执行器，把控制器的电信号输出转化为机电、液压、气压等物理状态变化。根据电控单元对执行器的控制方式，可分为火线端控制和地线端控制两种。

3. 电控系统的控制器

通俗地讲，工程装备电控系统的控制器相当于人的大脑，专门用于接收外界的各类信息，进行计算、比较、判断等处理，并向执行机构发出运作指令。电控系统的控制器即电子控制单元（electronic control unit），俗称车载电脑。

电控单元主要由输入接口（回路）、输出接口（回路）、存储器（RAM、ROM）和控制器 CPU 四部分硬件电路及控制程序软件两大部分组成。

电控单元的作用是按其内部存储的程序，对工程装备电控系统各传感器输入的信号数据进行运算、处理、分析、判断，然后输出控制指令，并驱动有关执行器元件动作，达到快速、准确、自动控制装备的目的。

(三) 工程装备电控系统的检修基础

组成电控系统的传感器、执行器和控制器各有特点，又相互联系，共同构成了一个完整的系统。因此，在检修电控系统时，要把握电控系统的电路特性，熟悉各器件的检修技巧。

电控系统采用了独立的控制方式，若干子回路交叉、重用、组合构成电控系统的某个子系统，子系统再交叉组合形成完整的整车电控系统。故每个传感器、每个执行器、控制器既是整个装备电控系统的组成，又是独立的子系统回路。从整体上看，有输入必有控制与输出；每个部件都有其自身的子系统回路。

1. 传感器的检修基础

根据传感器的输入信号类型，切换不同的物理状态进行验证。如温度传感器，切换不同的温度，验证与温度对应的传感器电阻值或输入信号的电压；如开关信号，则切换不同的开关位置，验证开关对应位置的输入信号电压。

由于一般的电路图是没有电控单元内部的工作示意电路的，因此对传感器的电压主特性判断主要是依照传感器外围电路连接情况。目前工程装备上的传感器按是否需要工作电源可以分为有源传感器和无源传感器。在检查时，应根据传感器的不同类型按不同的方法进行检测。对于有源传感器，有三个脚：电源脚、接地脚和信号脚。电源脚一般是5V或12V，接地脚为0V，而信号脚的电压界于两者之间。对于无源传感器来说，这不需要电控单元提供基准电源，而是直接提供两个针脚向电控单元输入信号，也有对其中一根通过电控单元内部进行了搭铁。在检修时，应检查其电源电压和信号电压或频率是否正常，如果能测量传感器的电阻，还需进行电阻的测量，检查其是否在规定的范围之内。对于开关型的传感器，检查方法是：在其工作范围内其能否按照工作要求完成开关动作。

2. 输出信号的检修基础

工程装备电控系统的常用执行器有继电器、电动机、灯 (包括指示灯)、电磁阀、电磁离合器、功率晶体管、线圈。电控单元输出接口的输出信号为数字信号，需要把数字信号转换成模拟信号，才能实现执行器的机电、液压、气压等物理控制。因此，控制器的输出信号控制可归结为开关控制、线性电流控制、占空比控制。依据执行器的输出信号类型，执行器的检修方法主要是验证不同信号输出下的物理状态。方法一是利用输入信号，检测控制器的输出信号对执行器的控制 (或直观地观察执行器的动作情况)；方法二是断开控制器端子，人工模拟信号对执行器进行模拟控制，观察执行器的动作情况。

3. 控制器的检修基础

由于控制器的控制功能及控制过程是检修的难点，外围线路的检查相对较简单，因此检修的方法为：检查时，要从整体功能出发，考虑电控系统工作的整体因素，设计检修方案。一般是先检查系统中的简单、常见的部位与线路，针对电控系统的特点，重点检查外围传感器与执行器的子系统线路，再检查控制器的控制功能。控制器的控制功能一定是通过对应的执行器来实现的，控制功能的触发条件是传感器的信号输入。

电控系统部件的检修和常规电气系统的检修方法类似，无非是把每个部件看成相对独立的子系统回路进行检修，检修方法参考常规电气系统检修，实际检修中也需要巧妙地运用推理。

二、电控系统故障诊断的一般原则

为了提高判断故障的准确性，缩短查找线路的时间，防止增添新的故障，减少不必要的损失，经研究和归纳，应遵循下列原则：

（1）胸有"成图"，联系实际。"胸有成图"是在分析故障时，脑海里要调出该装备（或相近装备）的这部分电路原理图，有图在手更好，循线查找，不仅有条不紊，而且准确迅速，按电路规律办事，切忌不顾电路连接和走向，乱碰乱查，甚至把小故障弄成大故障。

（2）查清症状，仔细分析。"查清症状"是要找准故障发生的部位在哪，是什么故障，正常情况是什么样，现在是什么样。只要把情况调查清楚了，就会找到解决问题的办法。

（3）从简到繁，由表及里。"从简到繁，由表及里"是先检查外表，后检测内部；先从容易判断的入手，后解决难点问题。可以避免时间的浪费，减少不必要的拆卸。

（4）探明构造，切忌随意。"探明构造，切忌随意"是指对于内部结构不清楚的总成部件，在测试和分解时要细心谨慎，要记住有关相互位置、连接关系，做上记号，或将拆下的零部件编上序号（如弹簧、垫圈等），不可丢失、错装，最好放在专门的盒内。并通过分解测试弄清工作原理，不可马虎从事，造成新的故障。

（5）回想电路，结合原理。"回想电路，结合原理"是以电路原理图为指导，以具体实物为根据，把实物与原理图结合起来，特别是在拆动了一些零件、总成，打开了内部结构之后仍然要按电路工作程序去思考问题，不要盲目乱碰乱试。

（6）按系分段，替代对比。"按系分段，逐一排除"。完整的电路都有一定的电流路线才能正常工作，在电路内按上一半、下一半分头查找，也可以从火线（熔断器）、开关开始一段一段地查找，逐渐缩小故障范围。"替代对比"就是用其他完好的元器件代替被怀疑有故障的元器件；用试灯、导线代替被怀疑的开关或插接件；如果故障状态发生变化，则说明问题就在于此。

三、电控系统故障诊断方法

故障诊断的最基本方法有简易诊断法、逻辑分析法及参数诊断法。简易诊断法、逻辑分析法是一种定性分析方法，参数诊断法具有定量分析的性质。

1. 直观法

由于电气系统发生故障多表现为发热异常，有时还冒烟，产生火花、工程装备工况突变等。直观法是根据电气故障的这些外部表现，通过问、看、听、摸、闻等手段，检查判断故障的方法。问，就是向操作者和故障在场人员问明故障发生时的环境情况、外部表现、大致部位。看，就是观察有关电器外部有无损坏、烧焦，连线有无断路、松动，电器有无进水、油垢等。闻，就是凭人的嗅觉来辨别有无异常气味，有无腐蚀性气体侵入等。通过初步检查，确保通电不会使故障进一步扩大和造成人身、设备事故后再通电，并听有无异常声音。用手触摸元件表面有无发烫、震动、松动等现象。一经发现，应立即停车切断电源。运用直观法不但可以确定简单的故障，还可以把较复杂的故障缩小范围。

2. 强迫闭合法

在排除电器故障时，经过直观检查后没有找到故障点而手下也没有适当的仪表进行测量，可用绝缘棒将有关继电器、接触器、电磁铁等用外力强行按下，使其常开触点闭合，然后观察电器部分或机械部分出现的各种现象，如电动机从不转到转动，设备相应的部分从不动到正常运行等。

3. 更新替换法

更新替换法是一种用正常的元件替换被检电控系统电路中的相关故障元件，以确定被检电控系统故障元件的一种方法。诊断时，如换上新件后系统能工作正常，则说明其他器件性能良好，故障发生在被置换件上；如果不能工作正常，则故障在本系统的其他部件上。特别是对于立即修复马上投入使用的工程装备，这种修理方法方便快捷。但要注意的是，只有确定是该电器元件本身因素造成故障时，才能换上新电器元件，以免新换元件再次损坏。

4. 逐步开路（或接入）法

多支路并联且控制较复杂的电路短路或接地时，不易发现其他外部现象。这种情况可采用逐步开路（或接入）法检查。其方法是：把多支并联电路，一路一路逐步或重点地从电路中断开，当断开某支路时故障消除，故障就在这条电路上，然后再将这条支路分成几段，逐段地接入电路。当某段接入电路时故障出现，那么故障就在这段电路及某电器元件上。这种方法能把复杂的故障缩小范围，但缺点是容易把损坏不严重的电器元件彻底烧毁。

5. 参数测试法

参数测试法是将仪器仪表接入电控系统电路中，通过实际测量到的数值与正常值或与被检电控系统技术资料给定的数值相比较对照，从而发现可疑的故障元件的方法。通常在不通电的情况下测量电阻值，在通电的情况下测量电压、电流值或拆下元件测量相关参数。具体可分为分阶测量法、分段测量法和点测法。

6. 短接法

短接法适合用在电控系统电路中的断路故障。它包括导线断路、虚连、松动、触点接触不良、虚焊、假焊、熔断器熔断、各种开关元件等。方法是用一根良好的导线由电源直接与用电设备进行短接，以取代原导线，然后进行测试。如果用电设备工作正常，说明原来线路连接不好，应再继续检查电路中串联的关联件，如开关、熔断器或继电器等。

电气设备故障的主要表现形式是断路、短路、过载、接触不良、漏电等，按其故障性质分为机械性故障、电气性故障和机电综合性故障。同一故障，可以有许多种不同的分析判断方案，不同的检测方法和手段，但都是根据这些故障的实质或性质从不同角度上的应用。所以在工程电气设备检修中遵循以上原则和方法，"多动脑，慎动手"做到活学活用。

以上几种检查方法在具体的判断检测中是相辅相成的，每个故障都是需要各种方法配合使用，不可以简单运用一种或几种单一的方法进行果断的判定。当然还有很多种检测方法，例如信号注入法、专用仪器检测法等。所以在日常检修过程中善于学习和总结，活用这些检修原则、方法，从而能够快速地检查判断故障范围和故障点是非常重要的。

四、电气控制系统故障诊断的一般步骤

电控系统故障的诊断一般按照先简单检查、后复杂检查，先初步检查、后进一步检查，先大范围检查、后小范围检查，最后排除故障的原则进行。

故障的判断应以电路原理图为依据，以线路图为根本。同一故障可以有许多不同的判断分析方法和手段，但无论如何都必须以其工作原理为基础。判断故障应按电源是否有电，线路是否畅通（即电线是否完好，开关、继电器触点、插接器接触是否紧密等），单个电器部件是否工作正常，电气系统是否正常的步骤进行。

1. 检查电源是否有电

简易的办法是在电源火线的主干线上测试，如蓄电池正负极柱之间；起动机电池接柱与搭铁之间；发电机电枢接柱与搭铁之间；熔断器盒的火线接柱与搭铁之间；开关火线接柱与搭铁之间。测试工具可用试灯（20W 或 60W）或万用表。

测试中还可以利用导线划火，即拆下某点火线与搭铁作短暂的划碰，看其是否有火花。这种做法比较简单，但容易造成电子元件因过电压而损坏。

2. 检查线路是否畅通

看电源电压能否加到用电设备的两端以及用电设备的搭铁是否能与电源负极相通。可用试灯或万用表检查，如果蓄电池有电，而用电设备来电端没电，说明用电设备与电池火线之间有断路故障。在检查线路是否畅通时应注意：

（1）熔断器的好坏和连接紧密程度。工程装备电路的熔断器较多，一般集中安装于驾驶室内。哪个熔断器管、哪条电路一般都标明在熔断器盒盖上，检查其是否良好、连接可靠。

（2）插接器件接触的可靠性。有些复杂的工程装备电路中，一条分支电路就要经过 3~6 个插接器才能构成回路。由于使用日久，接触面间积聚灰尘、油垢或锈蚀，就会产生接触不良的故障。在判断线路是否畅通时，可以用带针的试灯或万用表在插接件两端测试，也可以拔下后测试。

（3）开关挡位是否确切。有些电路开关由于操作频繁、磨损较快，常出现配合松旷、定位不准确的故障。

（4）接线端的连接状况。接线柱有插接与螺钉连接等多种，有些接线柱因为接线位置空间限制，操作困难，容易接线不牢，时间长了便发生松动，如仪表上的接线；有些电线受到拉伸力过大，容易造成接线松脱。蓄电池的正、负极桩上的导线，因锈斑或腐蚀等都容易接触不良。

3. 检查电气设备自身是否正常

如果电源供电正常，线路也都畅通而电气设备不能工作，则应对电气设备自身功能进行检查。检查的方法有：

（1）直接对装备检查。如检查发电机是否发电，可以在柴油机正常运转时，观察电流表、充电指示灯，也可测量发电机电枢接线柱上的电压，看其是否达到充电电压。如检查起动机是否工作，可以用导线或起子短接起动开关接线柱与电池接线柱，看起动机是否工作等。

（2）从装备上拆下检查。当必须拆卸电气设备内部才能判断故障时，则需将电气设备从装备上拆下来单独检查，使故障分析的范围大大缩小。如发电机电枢绕组是否损坏、起动机磁场绕组是否损坏等都要拆卸检查。

4. 利用电路原理图检查系统故障

当诊断较复杂的系统故障时，需利用该装备（或相近装备）的系统电路原理图，循线查找。对于一些不很清楚的系统线路，在检查和测试时要细心谨慎，记住有关相互位置、连接关系，并做上记号，切忌不顾电路连接和走向，乱碰、乱查、乱拆，造成新的故障。检查时只要思路符合电路原理，方法恰当，就能准确、迅速地查明故障原因。

复 习 题

4-1 工程装备常用仪表有哪些，各有什么功能？

4-2 简述机油压力表的工作原理。

4-3 简述电磁式燃油表的工作原理。

4-4 故障诊断的基本过程是什么？

4-5 如何正确使用分析式铁普仪，有哪些注意事项？

4-6 工程装备液压系统常见的故障现象有哪些，是什么原因导致的？

4-7 液压系统故障诊断的一般原则有哪些？

4-8 液压系统故障分析的方法有哪些？

4-9 工程装备电控系统可分为几类？每一类都由哪几部分组成？

4-10 工程装备常见的电控系统故障现象有哪些？

4-11 电控系统故障分析的方法有哪些？

第五章　辅助电气系统维修

现代工程装备，除前面所述的电气设备外，还增设了一些辅助的电气设备，以达到不同的目的，而从其发展趋势看，工程装备上的辅助电气设备，只会越来越多。本章介绍一些现已广泛采用的电气设备。

第一节　电动刮水器及清洗装置维修

一、风窗玻璃刮水器

工程装备在雨雪天行驶或作业时，风窗玻璃易被水滴或雪花遮覆，妨碍操作员视线。因此，现代工程装备上都装有刮水器，用以消除风窗上的雨水、雪或泥土，以确保安全。本节只介绍目前使用比较广泛的电动刮水器。

（一）构造

电动刮水器由刮水电动机和一套传动机构组成，如图 5-1 所示。电动机通电旋转时，带动蜗杆、蜗轮转动，使与蜗轮相连的拉杆和摆杆带着左右刷架做往复摆动，装在刷架端头的橡胶刮水片便可刷去风窗玻璃上的雨水、雪花和尘土。

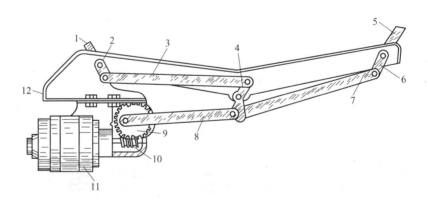

图 5-1　电动刮水器
1，5—刷架；2，4，6—摆杆；3，7，8—拉杆；9—蜗轮；10—蜗杆；11—电动机；12—底板

刮水器的电动机有绕线式和永磁式两种。它们的区别在于，前者的磁场是由磁极与绕组构成的，绕组通电时产生磁场，而后者为永久磁铁。它的磁极为铁氧体永久磁铁，因永磁电动机具有体积小、质量轻，构造简单，工作可靠且价廉的优点，因此，目前国内外广泛使用永磁式电动刮水器。

（二）永磁式电动刮水器

为适应不同行车环境的要求，现代工程装备上均采用设置有两种不同转速的刮水电动机。图 5-2 为永磁电动双速刮水器的结构。这种刮水器的电动机和并励或复励式直流电动机结构基本相同，只是电动机的磁场由永久磁铁产生。

永磁直流双速电动机是三刷变速电机。其变速原理如图 5-3 所示。当电刷相隔 180° 时，电机内部为两条对称的并联支路，一条支路由线圈 1、2、3、4 串联组成，另一条支路由线圈 5、6、7、8 组成。这两条支路线圈产生的全部反电动势与电源电压平衡后，电动机便以低速稳定运行。当电刷偏置时，可以看出电枢绕组一条支路由五个线圈 1、2、3、4、8，另一条支路由三个线圈 5、6、7 串联，其中线圈 8 与线圈 1、2、3、4 的反电动势相反，互相抵消后，变为只有三个线圈的反电动势与电源电压平衡，因而只有转速升高，使反电动势增大，才能达到新的平衡，故此时转速较高。

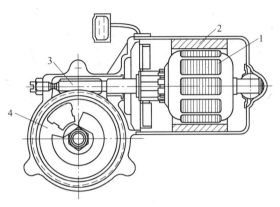

图 5-2　永磁电动双速刮水器
1—电枢；2—永久磁铁磁极；3—蜗杆；4—蜗轮

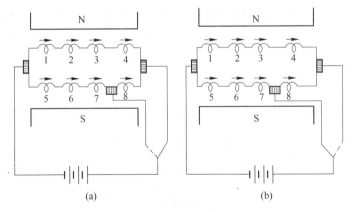

图 5-3　三刷变速雨刮电机原理
（a）低速工作电路；（b）高速工作电路

图 5-4 是双速雨刮器操纵线路。当电源总开关接通，变速开关拉到"Ⅰ"挡时，电流路径是电源正极→总开关→保险器→电刷 4→电枢→电刷 10→变速开关"Ⅰ"挡→搭铁→电源负极。这时电枢在永久磁场作用下低速转动。

当变速开关拉到"Ⅱ"挡位置时，电流路径是电源正极→总开关→保险器→电刷 4→电枢→电刷 11→变速开关"Ⅱ"挡→搭铁→电源负极。此时由于电刷 11 比电刷 10 偏转了一个角度，使电枢电流增大，转矩增大，电动机转速升高。

当变速开关拨到"0"挡时，如果雨刮没有停到适当位置，此时自动停止器触片与滑片接触，电流从电源正极→总开关→保险器→电刷4→电刷10→自动停止器触点→滑片9→搭铁→电源负极，电动机继续转动。当摇臂摆到应停位置时，触片7与滑片9脱开，同时自动停止器触片6、7和滑片8接触，使电枢短路。电动机则依惯性以发电机状态运行，产生制动转矩，而立即停止转动。

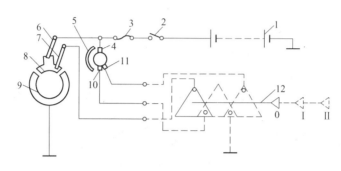

图 5-4　双速雨刮器操纵线路

1—蓄电池；2—总开关；3—保险；4，10，11—电刷；5—永久磁铁；6，7—自动停位触片；
8，9—自动停位滑片；12—雨刮器变速开关

当机械车辆在毛毛细雨或浓雾天气行驶时，因风窗玻璃表面形成的不是连续水滴，如果刮水器的刮片按一定速度连续刮拭，那么微量的水分和灰尘就会形成一个发黏的表面，因此不仅不能将风窗玻璃刮拭干净，相反使玻璃模糊不清，留下污斑，影响驾驶员的视线。为此有些车辆刮水器中设置了间歇工作装置，在碰到上面提及的行驶条件时，只需将刮水开关拨至间歇工作挡位，使刮水器按设定的时间周期停止和刮拭，便可使风窗洁净，驾驶员获得良好的视野。间歇挡位，就是在间歇挡电路中接入一个间歇继电器，原理比较简单故不再叙述。

二、风窗玻璃洗涤器

工程装备在恶劣环境中行驶，会有灰尘落在挡风玻璃上，影响驾驶员的视线。为此，工程装备在喷水系统中增设了洗涤装置。它向风窗表面喷洒清洗液或水，配合刮水片摇刷，以保持风窗表面洁净。

（一）电动洗涤器的结构

风窗电动洗涤装置的整体结构如图5-5所示，主要由贮液罐、喷水泵及电机、输液导管以及喷嘴等组成。

1. 喷水泵

喷水泵常见有三种形式，即离心式、齿轮式和挤压式，其结构特点如图5-6所示。

（1）离心式喷水泵。离心式喷水泵通常安装在贮液罐的下部，使用功率较小，经久耐用，故应用最广。其不足之处是当洗涤液被抽空后，泵内会吸入空气，从而引起喷射不稳等现象。目前所采取的补救方法主要是利用空气与水的密度差，使空气无法积存。

（2）挤压式喷水泵。这种喷水泵主要是依靠叶片来挤压洗涤液，以使液体从喷嘴中

喷出。虽然其安装位置不受限制，但耐久性差，尤其是空转时会导致叶轮过早的磨损，使用寿命变短。

（3）齿轮式喷水泵。齿轮式喷水泵是在泵体内装有两个相互啮合的齿轮，转动时洗涤液从各齿轮的齿间排出。

2. 贮液罐

贮液罐用工程塑料制成，用于盛装洗涤用的液体。

3. 喷嘴

电动洗涤器的喷嘴有装一个的，也有装两个的。喷嘴喷射方向可以调节，喷液直径一般为 0.8 ~ 1mm，一般要求喷水量均匀，

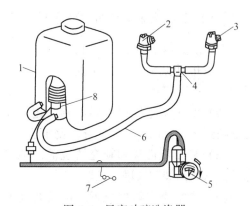

图 5-5 风窗玻璃洗涤器
1—贮液罐；2, 3—喷嘴；4—三通管接头；5—刮水器开关；
6—软管；7—熔断器；8—喷水泵及电机

喷出的液体不应分散。也有把喷嘴装在刮水器的刮臂上的，并和刮水器联动，定时地配合刮片的刮刷动作，这是一种喷射效果较好的间歇式电动洗涤器。

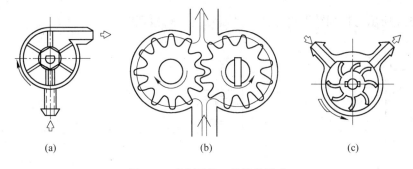

(a)　　　　　　　　(b)　　　　　　　　(c)

图 5-6 喷水泵的三种结构形式
（a）离心式；（b）齿轮式；（c）挤压式

4. 洗涤液

常用的洗涤液是硬度不超过 0.0205% 的清水。为了刮洗油、蜡等污物，也可在水中添加少量的去污剂和防锈剂。但不应使用强效洗涤剂，以免导致风窗密封条和刮片胶条变质，或导致车身喷漆变色或贮液罐、喷嘴等塑料件开裂等。

5. 电动机

电动洗涤器常用的电动机多为小型陶瓷永磁式电动机，由蓄电池供电，且常与洗涤泵（也叫喷水泵）组装在一起。

（二）电动洗涤器电路原理

电动洗涤器电气电路很简单，如图 5-7 所示。它是一个单线串联电路。工作时接通冲洗开关，电机驱动洗涤泵工作，把洗涤液从贮油罐中吸出，经吸液阀从喷嘴喷洒到风窗玻璃上。

（三）电动洗涤器使用注意事项

电动洗涤器使用注意事项：

（1）电动泵为短时工作电器，每次喷洒工作时间不要超过 5s。

（2）洗涤器应与刮水器配合使用，先开洗涤器，待清洗液喷到玻璃上以后，才能开动刮水器。

（3）要经常检查和补充清洗液，冬季最好加注一点防冻液，以免冻裂贮液罐及管路。

（4）经常查看喷射位置，挡风玻璃上正确的喷液点应在喷嘴上方 300mm 左右。如不正常，可用金属丝插进喷嘴小孔内进行调整。

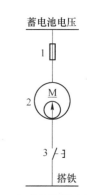

图 5-7 电动洗涤器电路原理图
1—保险器；2—电机及泵；3—开关

三、常见故障排除

（一）电动刮水器与洗涤器电路

如图 5-8 所示为带间歇继电器的电动刮水器电路原理图。

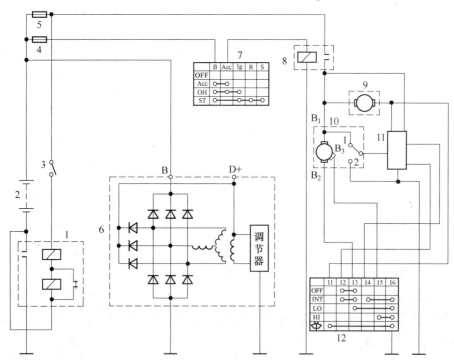

图 5-8 电动刮水器与洗涤器电路
1—电源总开关；2—蓄电池；3—单挡开关；4，5—保险丝；6—发电机；7—点火开关；
8—附件继电器；9—喷水电机；10—刮水电机；11—间歇继电器；12—洗涤器及雨刮开关

刮水器的电源由点火开关经附件继电器控制，当点火开关处于 ON 挡时，附件继电器的线圈有电流通过，其触点闭合，这时刮水电动机才可以投入工作。

1. 快速挡工作

雨刮开关处于"HI"位时，刮水电机的电路被接通，工作电路为：电源正极→保险丝→附件继电器触点→电刷 B_1→电枢→电刷 B_3→变速开关"HI"挡→搭铁→电源负极，电动机高速转动，即高速刮水。

2. 慢速挡工作

雨刮开关处于"LO"位时，刮水电机的电路被接通，工作电路为：电源正极→保险丝→附件继电器触点→电刷 B_1→电枢→电刷 B_2→变速开关"LO"挡→搭铁→电源负极，电动机低速转动，即低速刮水。

3. 间歇挡工作

雨刮开关处于"INT"位时，间歇继电器经变速开关"INT"挡搭铁，通电工作，使刮水电机的电路间歇地被接通。工作电路为：电源正极→保险丝→附件继电器触点→电刷 B_1→电枢→电刷 B_2→变速开关"INT"挡→间歇继电器→搭铁→电源负极，电动机间歇转动，即实现间歇刮水。

4. 停机复位

刮水电动机内设置凸轮开关触点 1、2，只有当刮水片处于风窗玻璃的下端位置时，该开关才处于 1 位，其他情况均处在 2 位。当变速开关处于"OFF"位置时，而刮水片未处于风窗玻璃的下端位置，由于刮水电动机内凸轮开关触点处于 2 位，刮水电机电路仍然接通，电路为：电源正极→保险丝→附件继电器触点→电刷 B_1→电枢→电刷 B_2→变速开关"OFF"挡→间歇继电器→搭铁→电源负极，刮水电动机仍带动刮水片摆动，当刮水片处于风窗玻璃的下端位置时，刮水电动机内的凸轮开关触点处于 1 位，电动机断电。

（二）电动刮水器常见故障排除

刮水装置常见故障有：刮水器电动机不转；刮水器无间歇挡，无快慢速工作；刮水电动机无自动停位功能故障。

1. 刮水电动机不转

刮水电动机不转的现象、故障原因及维修步骤如下：

（1）现象：当点火开关处于"ON"位置时，将刮水器开关设在慢、快及间歇挡时，刮水器电动机均不转。

（2）故障原因：刮水器电动机电源线路断路；点火开关、附件继电器及雨刮开关接触不好；刮水器电动机失效。

（3）维修步骤：1）检查刮水器电动机电源线路是否断路；2）检查点火开关、雨刮开关及附件继电器是否工作正常；3）检查电动机绕组是否内部断路。

2. 刮水器无慢速工作挡

刮水器无慢速工作挡的现象、故障原因及维修步骤如下：

（1）现象：接通点火开关，只将雨刮开关设在慢速挡位置时，刮水器电动机不转。

（2）故障原因：雨刮开关损坏，刮水器电动机慢速挡损坏，线路中有断路故障。

（3）维修步骤。检查刮水器慢速挡电动机电源线是否有电。若无电，检查雨刮开关是否工作正常；若有电，检查电动机绕组是否内部断路。

3. 刮水器快速挡不工作

刮水器快速挡不工作的现象、故障原因及维修步骤如下：

（1）现象：接通点火开关，将雨刮开关设在快速挡位置时，刮水器电动机不转。

（2）故障原因：雨刮开关损坏，刮水器电动机快速挡损坏，线路中有断路故障。

（3）维修步骤：检查刮水器快速挡电动机电源线是否有电。若无电，检查雨刮开关是否工作正常；若有电，检查电动机绕组是否内部断路。

4. 刮水器无间歇挡

刮水器无间歇挡的现象、故障原因及维修步骤如下：

（1）现象：接通点火开关，将雨刮开关设在间歇挡位置时，刮水器电动机不转。

（2）故障原因：雨刮开关损坏，间歇继电器损坏，刮水器电动机损坏，线路中有断路故障。

（3）维修步骤：检查刮水器电动机在其他挡位是否工作正常。若正常，先检查雨刮开关是否工作正常；然后检查间歇工作线路是否正常；若上述检查无故障则为间歇继电器故障。

5. 刮水器无自动停位功能

刮水器无自动停位功能的现象、故障原因及维修步骤如下：

（1）现象：断开雨刮开关时，刮水器雨刮片不能自动停位在原来位置。

（2）故障原因：雨刮开关损坏，刮水电机上的凸轮停位触点损坏。

（3）维修步骤：检查刮水器开关断开挡是否工作正常。若正常，检查刮水电动机的凸轮停位触点。

（三）风窗玻璃洗涤器常见故障排除

风窗玻璃洗涤器常见故障及故障原因、排除方法如下所示。

（1）使用前挡风玻璃洗涤器时，只喷水不刮水。

1）故障原因：刮水继电器线束插接件脱落，组合开关线束插接件脱落，组合开关脱焊，组合开关内部触点接触不良。

2）排除方法：检查刮水间歇继电器线束是否脱落，若是应予以纠正；检查组合开关线束接头是否脱落，若是应予以纠正；检查组合开关上的触点接触情况；若以上检查未发现问题，刮水器还未工作正常，可能是组合开关线束内部断路。

（2）使用玻璃洗涤器时，喷嘴不喷水。

1）故障原因：洗涤器喷水电机线束脱落或组合开关接触不良；电机接触不良；洗涤器管路弯折堵塞。

2）排除方法：检查电机线束是否脱落，组合开关线束是否接触不良；检查电机上的触点片是否接触不良；打开洗涤器，若听到电机的工作声音，仍然不喷水，说明是管路堵塞或弯折。

第二节 发动机预热装置维修

一、预热装置的作用及类型

发动机在冬季使用时，因气温较低，活塞压缩行程之后，空气（或可燃混合气）的温度较低，发动机着火困难。加之低温时润滑油黏度大，起动阻力大，发动机起动更加困难。为保证低温条件下迅速可靠地起动发动机，在多数柴油机上设有低温起动预热装置，以提高进入气缸的空气（或可燃混合气）的温度。

进气预热的类型有集中预热和分缸预热两种，集中式预热装置安装在发动机的进气管上，分缸预热装置安装在各气缸内或进气管上。汽油机和一部分柴油机的预热采用集中式，分缸式预热装置一般用在柴油机上。

二、预热装置的结构形式

（一）电热塞进气预热装置

电热塞的结构如图 5-9 所示。电热塞的主体是用铁镍合金制成的螺旋形电阻丝 2，电阻一端焊在中心螺杆 9 上，另一端焊在用耐热不锈钢制成的发热体钢套的底部。螺杆和外壳 5 之间用瓷质绝缘体 7 隔开，钢套 1 与电阻丝之间，填充有一定绝缘性能和导热性好并耐高温的氧化铝。各缸电热塞中心螺杆用导线接在电源上。

发动机起动前，接通电热塞开关，电源便对电热塞中的螺旋电阻丝供电，使电阻丝和发热体钢套发热，用来加热进入气缸的空气，从而提高发动机的低温起动性能。

（二）火焰进气预热装置

火焰进气预热装置除了用电热塞通电产生热量外，还通过供油装置向电热塞周围喷油，使柴油在进气管内燃烧而形成火焰，加热进入气缸的空气。这种预热装置通常用于集中式预热的柴油机上。

下面以国产 YR07B 型火焰进气预热装置为例介绍其组成及工作原理。

YR07B 型火焰进气预热装置由电磁阀、油箱、电热丝、瓷芯及杯罩组成，如图 5-10 所示。

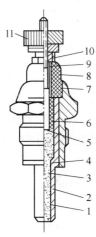

图 5-9　电热塞结构

1—发热体钢套；2—电阻丝；3—填充物；4—密封垫圈；
5—外壳；6—垫圈；7—绝缘体；8—胶合剂；9—中心螺杆；
10—固定螺母；11—接线螺母

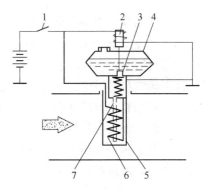

图 5-10　YR07B 型火焰进气预热装置

1—开关；2—铁芯；3—阀门；4—油箱；
5—杯罩；6—电热丝；7—瓷芯

发动机起动前，接通预热装置开关 1，电源供电于电热丝 6 并使之升温加热瓷芯 7。与此同时铁芯被吸下，通过顶杆顶开阀门 3。油箱 4 内的柴油在重力作用下经阀门量孔流出，滴落在瓷芯上。多余的柴油落入杯罩 5 的杯底。预热 15s 后，电热丝炽热，瓷芯上的柴油被加热气化，产生火焰，这时便可以起动发动机了。起动时，火焰由杯罩内的长孔喷出，加热进入气缸的空气使发动机顺利起动。发动机起动后，切断电源，该装置停止工作。

(三) 电子式火焰预热装置

1. 电路组成

电子式火焰预热装置电路由预热控制器、电磁阀、电热塞、水温传感器和信号灯等五部分组成，如图 5-11 所示。

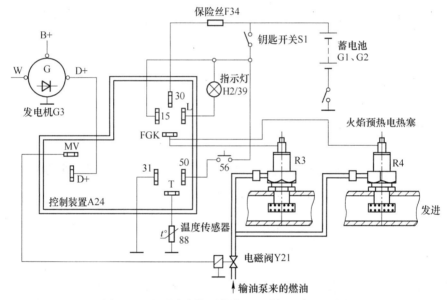

图 5-11　电子式火焰预热装置组成及电气原理图

预热控制器，它是一个自动控制装置，内电路由晶体管、集成电路和电磁式继电器组成。当采样温度低于 23℃ 时，自动进入工作状态，其过程分为 24V、28V 两种节拍。当显示起动信号后 30s 内不按起动按钮，或发动机运转后 3s 内，发电机 D+ 端子电压无变化，自动停止向电热塞供电，避免多消耗蓄电池的电量和影响电热塞寿命。若再次预热起动发动机，须将钥匙开关断开 5s。

电热塞内装有电阻丝绕成电发热体，燃油加注接口和雾化腔。

燃油电磁阀是火焰预热有缘控制器件。

温度传感器为负温度系数的热敏电阻，它的品质优劣直接影响到预热控制器工作的准确性。

2. 工作原理

当钥匙开关闭合后，安装在发动机水道的预热温度传感器电路接通，若其采样的温度，高于 23℃ 时，信号灯不亮，火焰预热电路不工作；若水温低于 23℃ 时，温度传感器感应的信号传送到火焰预热控制器, 电路进入工作状态, 信号灯点亮, 控制器内的继电器触点闭合, 开始向电热丝供电, 加热的时间依据不同的温度随机设定。当电热塞发热体达到 850~900℃ 时, 供电转换为断续状态, 信号灯以 0.8Hz 的频率闪烁, 此时按下起动按钮起动发动机, 电磁阀吸合, 接通油路, 燃油通过油管进入电热塞经雾化腔雾化后由发热体点燃, 形成火炬, 加热进气道里的空气, 使发动机易于起动; 若 30s 内不起动发动机, 电路自动停止工作。发动机起动运转后, 发电机 D+端子电压很快上升到 28V, 预热控制器接收到该信号后电热塞在另一种节拍下工作, 随着不同的温度, 预热到设定时间后自动切断油路电磁阀的供电。起动后, 预热电路断续工作 (信号灯闪烁) 是为了尽快提高气缸工作温度, 缩短冷缸工作冒白烟的时间。

如果在电热塞处于加热阶段 (未达到炽热温度) 起动发动机, 控制电路自动退出工作状态。若要再次预热起动发动机, 必须将钥匙开关断开 5s 后方可进行。

3. 常见故障排除

常见故障的检修方法与步骤如下所示:

(1) 水温高于 23℃, 信号灯点亮。检修方法与步骤为:

1) 检查温度传感器与各部件的插接线是否良好、搭铁是否良好, 消除不良接触点。

2) 用万用表检查水温传感器的阻值, 应小于 1040Ω。阻值过大或断路, 更换水温传感器。

3) 用可调电阻代替温度传感器检查预热控制器的起始工作电阻, 其阻值应大于 1040Ω。起始工作电阻过小应更换预热控制器。

(2) 水温低于 23℃, 信号灯不亮。检修方法和步骤为:

1) 拔下预热控制器, 用一根两端裸露的导线, 一端接插座上的 L 插脚, 另一端搭铁, 若信号灯不亮, 则故障在灯泡及连接线上。灯泡损坏, 更换即可。导线故障视情况进行处理。

2) 若上述无问题, 用万用表检查温度传感器的阻值, 阻值应大于 1040Ω, 若阻值过小, 更换温度传感器。

3) 用可调电阻代替温度传感器检查预热控制器的起始工作电阻, 其阻值应大于1040Ω。起始工作电阻过小应更换预热控制器。

(3) 信号灯指示正常, 但无预热作用。检修方法和步骤:

1) 用万用表检查电热塞, 若损坏则更换。

2) 用 24V 的直流电源接通电磁阀, 若不工作则更换。

3) 检查油路连接是否正确, 有无漏油并视情况处理。

第三节 电磁控制装置维修

现代工程装备越来越多地采用电磁控制装置, 如高速装载机和高速推土机的油气悬挂系统。该系统是否工作, 由电磁控制电路控制, 如图 5-12 所示。而其中的关键部件是电磁阀, 因此本节将介绍常用电磁阀的工作原理及常见故障排除。

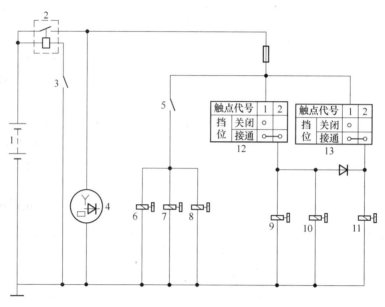

图 5-12　高速装载机和高速推土机的电磁控制电路

1—蓄电池；2—电源总开关；3—起动开关；4—交流发电机；5—定位电磁铁控制开关；6—浮动定位电磁铁；
7—提升定位电磁铁；8—后倾定位电磁铁；9—左悬挂缸和右蓄能器通断电磁阀；10—右悬挂缸和右蓄能器通断电磁阀；
11—左右缸通断电磁阀；12—悬挂控制开关；13—充放油控制开关

一、电磁阀的工作原理

电磁阀是一种进行电能-机械能相互转化的元件，它利用电磁铁推动阀芯来控制气路或油路的通断。其优点是操作简单，容易实现远程控制。电磁换向阀根据不同要求可实现二位二通、二位三通等。图 5-13 所示为三位三通电磁阀的三种工作状态。

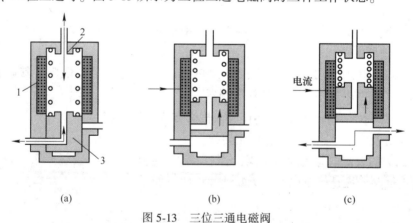

图 5-13　三位三通电磁阀

（a）不通电时；（b）通小电流时；（c）通大电流时
1—电磁线圈；2—阀体；3—阀芯

电磁阀一般包括电磁线圈、阀体和阀芯三部分。其工作原理是当线圈接通电流，便产生了磁性，吸引阀芯移动，接通不同的控制通道。关闭电源，阀芯就复位了，这样电磁阀就完成了做功过程。

二、故障与排除

(一) 电磁阀通电后不工作

1. 故障现象

接通电磁阀控制开关，电磁阀不能完成规定动作。

2. 故障原因

故障原因为：

(1) 相关导线接触不良。

(2) 电源电压不正常。

(3) 电磁阀内部线圈故障。

(4) 工作压差不合适。

(5) 阀芯卡死。

3. 故障判断与排除

故障判断与排除如下所示：

(1) 检查电源接线是否不良，若有问题重新接线和接插件的连接。

(2) 检查电源电压是否在正常工作范围。

(3) 检查电磁阀线圈是否有断路或短路故障，若有，则更换电磁阀。

(4) 检查电磁阀与工作压差是否合适，不合适则更换相称的电磁阀。

(5) 检查是否有杂质使电磁阀的阀芯卡死，若有，则可进行清洗或轻敲阀体，若故障消失可继续使用，否则更换。

(二) 电磁阀不能关闭

1. 故障现象

电磁阀通电打开后不能复位。

2. 故障原因

故障原因为：

(1) 阀芯卡死。

(2) 阀芯弹簧寿命已到或变形。

(3) 节流口或平衡孔堵塞。

(4) 工作介质温度黏度与电磁阀不适应。

3. 故障判断与排除

故障的判断与排除如下所示：

(1) 检查阀芯是否卡死，轻敲阀体看是否能排除故障。

(2) 检查阀芯弹簧寿命是否已到或变形，若有变形或寿命已到，则更换电磁阀。

(3) 检查节流口或平衡孔是否堵塞，若堵塞可进行清洗。

(4) 检查工作介质温度黏度与电磁阀是否适应，不适应则更换电磁阀。

（三）其他情况

若电磁阀有内泄漏，可检查密封件是否损坏，弹簧是否装配不良。

若电磁阀有外泄漏，可检查连接处是否松动或密封件是否已坏，若连接处松动，则可拧紧螺丝；若密封件已损坏，则应更换密封件。

复 习 题

5-1　试述永磁双速电动刮水器的工作原理。

5-2　电动刮水器常见故障有哪些，如何排除故障？

5-3　发动机预热装置的类型有几种？

5-4　试述电子预热装置的组成及工作原理。

5-5　如何排除电子预热装置常见故障？

5-6　电磁式控制装置的电磁阀有几种，如何判断其性能好坏？

第六章　全车电路维修

工程装备电气设备总线路是将电源系、起动系、照明、仪表以及辅助装置等，按照它们各自的工作特性以及相互的内在联系，通过开关、导线、保险器连接起来，构成的一个完整的系统整体。

熟悉工程装备的全车电气线路，了解工程装备电器间内在联系，为正确使用工程装备电气设备并能迅速地分析与排除电气故障提供了方便。

第一节　导线及电路控制装置

一、导线

（一）低压导线

工程装备电气线路中的导线多为低压导线，低压导线又有普通导线、起动电缆和蓄电池搭铁电缆之分。

1. 低压导线的截面选择

普通低压导线的截面积，主要是根据用电设备工作电流选择的。从导线的机械性能考虑，一般规定截面积不得小于 $0.5mm^2$。低压导线标称截面积所允许的负载电流值见表6-1。

表6-1　低压导线标称截面积允许的负载电流值

导线标称截面积/mm²	0.5	0.8	1.0	1.5	2.5	3.0	4.0	6.0	10	13
允许载流值/A			11	14	20	22	25	35	50	60

连接蓄电池与起动机的导线不以工作电流大小来选定，而受工作时的电压降限制。一般要求在线路上每100A的电流所产生的电压降不超过 $0.1 \sim 0.15V$，以免升温过快。因此，起动电缆和蓄电池搭铁电缆的导线截面积都选择的较大，其线路电压降对12V电系不得超过0.2V（24V电系不得超过0.4V）。

2. 导线颜色与标注

导线颜色有单色和双色之分。电路图中单色线一般用一个英文字母表示，双色线用两个英文字母表示（主色+辅色），且不同国家的规定也不尽一致。我国各种颜色的代号见表6-2，一般电气线路各系统主色的选择见表6-3。

表 6-2 低压导线的颜色与代号

导线颜色	黑	白	红	绿	黄	棕	蓝	灰	紫	橙
代号	B	W	R	G	Y	Br	Bl	Gr	V	O

表 6-3 一般电气线路各系统主色的选择

序 号	系 统 名 称	主 色	颜色代号
1	电源系统	红	R
2	起动、点火系统	白	W
3	雾灯	蓝	Bl
4	灯光、信号系统	绿	G
5	防空灯及车身内部照明系统	黄	Y
6	仪表、报警系统、喇叭系统	棕	Br
7	收音机、电钟、点烟器等辅助系统	紫	V
8	各种辅助电动机及电气操纵系统	灰	Gr
9	搭铁线	黑	B

导线的标注方法是将标称截面积和颜色代号同时标出，如 1.0GY 表示标称截面积为 1.0mm²、主色为绿色、辅色为黄色的双色导线。

（二）汽油机点火系的高压导线

高压导线的主要任务是输送高电压（一般在 15kV 左右），工作电压高、工作电流较小，因此高压导线的线芯截面很小、耐压性能好、绝缘层很厚。

高压导线分为铜芯线和阻尼线两种，高压阻尼线能较好地抑制点火系的无线电干扰波。

二、插接器

插接器又称插线器。为了便于接线，线束中各导线端头均焊有端子（也称接线卡，一般由黄铜、紫铜、铝等材料制成），并在导线与接线卡连接处套以绝缘管，经常拆卸的接线卡一般取开口式，而拆卸次数少的接线则采用闭口式。

插接器由插头与插座两部分组成，如图 6-1 所示。按使用场合的不同，插接器插接脚的形状、数量、布局也不一样。插头和插座的外表面加工有导向槽和闭锁装置，可有效地防止相互间插错和脱开。拆下插接器时应先压下闭锁，然后再将其拉开。

三、线束

为了方便导线安装和保护导线的绝缘层不被损坏，也能使全车繁多的导线排列有序，比较容易排查电器故障，将同路的不同规格的导线用棉纱编织或用聚氯乙烯带包扎成束，称为线束。也可将导线包裹在用塑料制成的开口软管中，检修时将开口撬开即可。

线束由导线、端子、插接器和护套等组成。

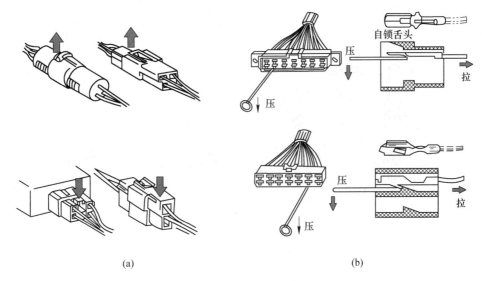

图 6-1　插接器

（a）拔开插接器的方法；（b）取出插接器端子的方法

线束安装时的注意事项为：

（1）线束应用卡簧或绊钉固定，以免松动磨损。

（2）线束不可拉得太紧，在绕过锐角或穿过金属孔时，应用橡皮或套管保护，否则容易磨坏线束而发生短路和搭铁故障。

（3）各接头必须结实紧固，接触良好。

（4）连接电器时，应根据插接器的规格以及导线的颜色或接头处套管的颜色，分别接在各电器上。

四、开关及保护装置

（一）开关

开关是用来控制工程装备电路中各种用电设备的电器装置。它一般安装在驾驶员手足易于达到的范围，主要安装在方向盘、仪表板和离合器踏板周围，按操作方式分为手操纵和脚踏式两种；按其结构原理可分为机械开关和电磁开关两类；按其用途分为点火开关、起动开关、电源开关以及灯光开关等。

（二）保护装置

为了防止过载和短路时烧坏用电设备和导线，在电源与用电设备之间串联有保险装置。常见的有双金属片式电路断电器、易熔线和熔断器三种。

双金属片式电路断电器常用于保护电动机等较大用电电流的电气设备，其特点是可重复使用。一次作用式断电器和多次作用式断电器的结构如图 6-2 所示。一次作用式断电器断电后，重新使用时需人为地按一下；多次作用式断电器当电路中出现过载、短路或搭铁故障尚未排除时，电路时通时断，可保护电源、灯泡和线路不被损坏。

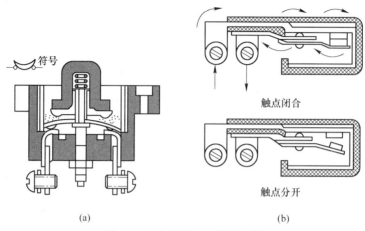

图 6-2　双金属片式电路断电器

（a）一次作用式断电器；（b）多次作用式断电器

易熔线如图 6-3 所示，它是一种截面积小于被保护电线截面积，可长时间通过额定电流的铜芯低压导线或合金导线，主要用于保护电源电路和大电流电路。不同规格易熔线分别用棕、红、绿、黑四种颜色表示，见表 6-4。

熔断器的类型如图 6-4 所示，常用于保护局部电路，限额电流值较小，其额定电流的规格见表 6-5。

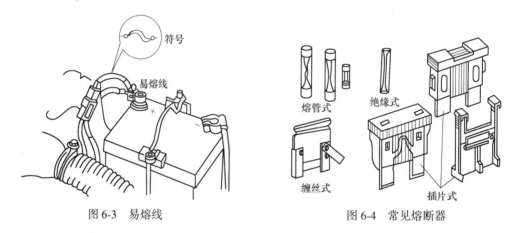

图 6-3　易熔线　　　　　　　　图 6-4　常见熔断器

表 6-4　易熔线的规格

色别	截面积/mm²	连续通电电流/A	5s 熔断电流/A	构成
棕	0.3	13	约 150	φ0.32×5 股
绿	0.5	20	约 200	φ0.32×7 股
红	0.85	25	约 250	φ0.32×11 股
黑	1.25	33	约 300	φ0.5×7 股

为便于检查和更换熔断丝，工程装备上常将各电路的熔断器集中安装在一起。ZL50C 装载机熔断丝盒如图 6-5 所示。

表 6-5　熔断器额定电流的规格

品种规格		额定电流/A								
玻璃管式		2	3	5	7.5	10	15	20	25	30
绝缘式				5	8	10		20	25	
插片式	电流/A	2	3	5	7.5	10	15	20	25	30
	直径/mm	无色	紫色	棕黄	褐	红	浅蓝	黄	白	绿
金属丝式	电流/A		3		7.5	10	15	20	25	30
	直径/mm		0.11		0.20	0.25	0.30	0.35	0.40	0.47
熔片式	电流/A		20			45		60		80
	厚度/mm		0.20			0.40		0.60		0.80

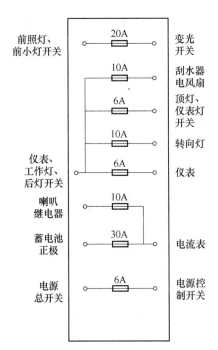

图 6-5　ZL50C 装载机熔断丝盒

随着继电器和熔断器的逐渐增多，许多工程装备将各种继电器和熔断器等集中安装在一块或几块配电板上。配电板正面装有继电器和熔断器的插头，背面是接线插座，这种配电板及其盖子常称为中央集电盒。

第二节　工程装备电路图的种类与特点

工程装备电路总线，一般包括基本车辆电气系统和具有特殊功能的电控系统两大部分。基本车辆电气系统包括充电系、起动系、照明及仪表、辅助装置等，汽油机增加了一套点火系；电子控制系统如电子油门控制系统、自动调平电控系统等。工程装备电路总线图就是将机械的电路总线（不同用途的用电器通过开关、导线、熔断器以及电子控制装置与电源连接起来所构成的电气系统）用图形表达的一种方式，简称电路图。

由于文字、技术标准等差异，各工程装备生产厂家在电路图的绘制、符号标注等方面不尽相同。因此，了解各种电路图的特点和阅读方法非常重要。

一、工程装备电路图的分类

对于同一辆工程装备，其整车电路可以有多种表达形式，比如布线图（又称电气线路图）、电路原理图、线束图等，如图 6-6~图 6-8 所示。

（一）布线图

布线图是将所有工程装备电器按车上的实际位置，用相应地外形简图或原理简图画出来，并用线条一一连接起来形成的。如图 6-6 所示，由于工程装备电器的实际位置及外形与图中所示方位相符，且较为直观，便于循线跟踪地查找导线的分支和节点。但由于线路图线条密集、纵横交错，图的可读性较差、电路分析过程相对较为复杂。

（二）电路原理图

电路原理图是按规定的图形符号，把仪表及各种电气设备，按电路原理由上到下合理地连接起来，然后再进行横向排列形成的电路图。它可以是子系统的电路原理图，也可以是整车电路原理图。这种画法对线路图作了高度地简化，图面清晰，电路简单明了，通俗易懂，电器连接控制关系清楚，因此对分析系统的工作原理、进行故障诊断非常有利。电路原理图如图 6-7 所示。

（三）线束图

线束图是指能反映走向和有关导线颜色、接线柱编号等内容的线路图。如图 6-8 所示，在这种画成树枝样的图上，着重标明各导线的序号和连接的电器设备名称及接线柱的名称、各插接器插头和插座的序号。安装操作人员只要将导线或插接器的电器按图上标明的序号，连接到相应的电器接线柱或插接器上，便完成了全车线路的装接，这种图给安装和维修带来了极大的方便。该图的特点是不说明线路的走向和原理，线路简单。

（四）系统电路图

系统电路图是将单个电控系统按功能特点，只画出与该电系有关联的电器元件间连接关系的电路图。

二、工程装备电路图的特点

无论何种方法绘制的电气线路图，其线路连接均有以下共同特点：

（1）除少数必须串联的电气设备（如熔断丝、开关及电流表等）外，电气设备之间为并联。

（2）单线制。

（3）导线有颜色和编号。

（4）电气线路有共同的布局，如传统电气线路图上的电气设备按其在机械上的实际

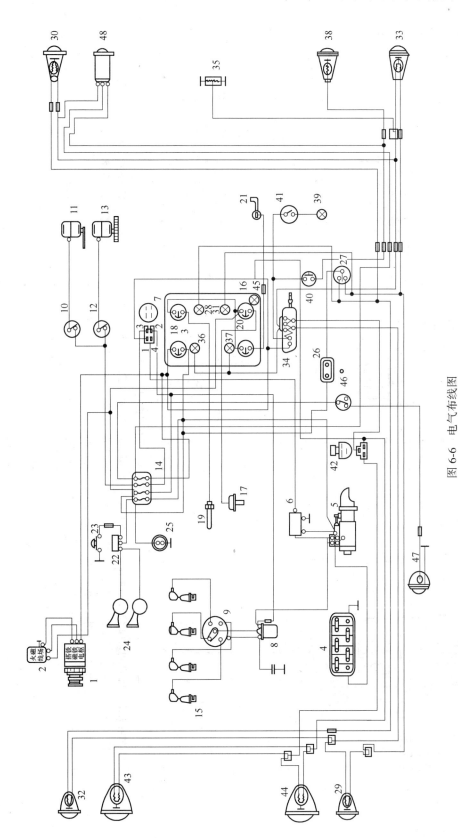

图 6-6 电气布线图

1—发电机;2—电压调节器;3—电流表;4—蓄电池;5—起动机;6—起动继电器;7—点火开关;8—点火线圈;9—分电器;10—刮水器开关;11—刮水器电机;12—暖风开关;13—暖风电机;14—熔断器盒;15—火花塞;16—机油压力表;17—油压传感器;18—水温表;19—水温传感器;20—燃油表;21—燃油传感器;22—喇叭继电器;23—喇叭按钮;24—电喇叭;25—工作灯插座;26—转向灯插座;27—转向灯闪光器;28,31—转向灯开关;29,32—前小灯;30,33—前照灯;34—车灯开关;35—牌照灯;36,37—仪表灯;38—制动灯;39—阅读灯;40—制动灯开关;41—阅读灯开关;42—光变灯开关;43,44—前照灯;45—远光指示灯;46—雾灯开关;47—雾灯;48—挂车电源插座

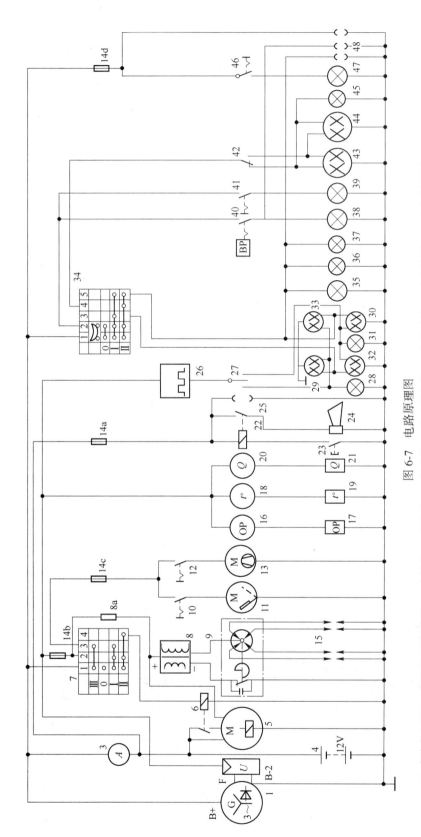

图 6-7　电路原理图

1—交流发电机;2—交流发电机调节器;3—电流表;4—蓄电池;5—起动机;6—起动继电器;7—点火开关;8—点火线圈;8a—点火线圈附加电阻;9—分电器;
10—刮水器开关;11—刮水电动机;12—暖风开关;13—暖风电动机;14a~d—熔断器;15—火花塞;16—油压表;17—油压表传感器;18—水温表;19—水温表传感器;
20—燃油表;21—燃油表传感器;22—喇叭继电器;23—喇叭按钮;24—电喇叭;25—工作灯插座;26—闪光器;27—转向灯开关;28,31—转向指示灯;29,32—前小灯;
30,33—尾灯;34—车灯开关;35—牌照灯;36,37—仪表灯;38—阅读灯;39—阅读灯;40—制动灯;41—阅读灯开关;42—变光开关;43,44—前照灯;
45—远光指示灯;46—防空/雾灯开关;47—防空/雾灯;48—挂车插座

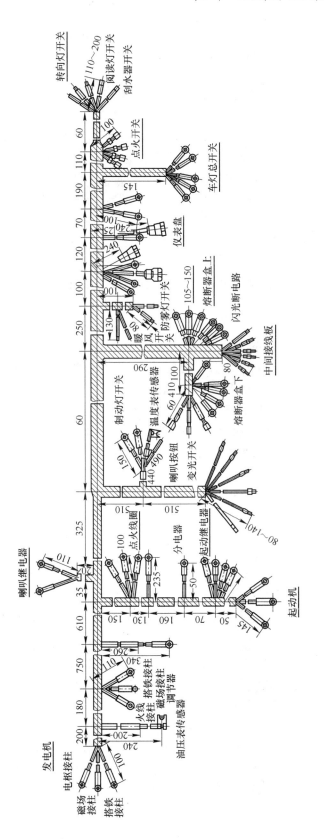

图 6-8　电线束（主）图

位置画出来，而纵向排列电气线路图是按系别（如电源系、起动系、点火系、仪表和警报系等）画出来的。

第三节 工程装备电路图的识读

要研究及维修全车线路，首先应会识读工程装备的电路图。识读电路图必须熟悉电气设备的图形符号，弄清电气设备和控制电路的工作原理（即电流走向随着工作状态的变化等）及有关电路所需通过的控制开关、熔断器、插接器等。然后根据线路图分清电气设备和它们在工程装备上的实际位置，根据线束图和系统电路图辨别出电器元件各接线柱的作用和线束接线柱的来龙去脉。

一、工程装备电路图的识读方法

产品说明书中的电路图多为线路图或原理图，其识读方法如下：

（1）仔细阅读工程装备的使用手册，了解该种工程装备的用途、性能特点和电控系统的基本组成。

（2）对照图注识别电气设备的名称和分布位置。

（3）搞清某电控系统的工作电压是 12V 还是 24V。电气设备之间是单线还是双线连接，某个电器的接线柱有几个，并分别与哪些电器相连。

（4）从用电设备开始，按"回路法"（即由电源正极→开关或继电器→保险装置→（电子控制器）→用电设备→电源负极构成回路）查找并绘出不同功能电控系统的电路简图，并注意并联、负极搭铁的电路特点。

（5）绘电路简图时，应先找出各电控系统的电源线及公共搭铁线，再注意开关在不同位置的通、断状态以及相连导线的走向，各用电器与电源之间必须构成回路。

（6）分析某电控系统的电路连接有什么特点。

二、工程装备电路分析

下面以 ZL50C 装载机为例，分析电路的组成、特点和常见故障的诊断方法。

ZL50C 装载机电气设备总线路包括充电系、起动系、照明及信号系、仪表系和辅助电器装置。全车电气线路（见图 6-26）为并联单线制、负极搭铁，电气系统工作电压均为 24V，各系统电路特点分析如下：

（1）充电系。

1）用两个 6-Q-195 型 12V 蓄电池串联而成 24V，由电源总开关 37（蓄电池继电器）控制蓄电池的充、放电路的通断，而电源总开关又受电源控制开关 43 的控制，停车时可防止蓄电池的漏电。

2）发电机 36 采用带中性点的六管硅整流发电机，调节器 38 为带磁场继电器的 FT221 型组合调节器。停车后，若电源电路忘记切断，调节器也能及时切断蓄电池与发电机励磁绕组间的电路，以免蓄电池过量放电，烧坏励磁绕组。

3）仪表盘上的小时计 14 是由发电机内的转速传感器控制而工作，它用来记录发动机的工作时间。

4）电流表 44 与蓄电池串联，显示蓄电池充、放电电流的大小；电源电路中的 30A 熔断器为快速熔断片。

（2）起动系。ZL50C 装载机起动系电路由电钥匙 17 和起动按钮 18 直接控制，无起动继电器。起动机 39 采用 QD274 型电磁操纵强制啮合直流串励式电动机。

（3）照明及信号系。

1）各灯具并联连接。

2）前照灯 2 为两灯制双丝灯泡，远、近光靠变光开关 50 来变换。前小灯 1、尾灯 31 以及前照灯都由前小灯、前照灯专用开关 41 的不同挡位控制工作。

3）两个工作灯 54 和两个后大灯 29 都由仪表开关、工作灯、后大灯开关 42 的不同挡位控制工作。

4）闪光器 48 串联在转向灯电路中。

5）制动灯 9 由制动灯开关 3 控制，低气压报警开关 15 控制。

6）顶灯 26 和仪表灯 13 由其开关 22 单独控制。

（4）仪表系。ZL50C 装载机仪表系的仪表有电流表 44、发动机水温表 49、变速器油压表 16、变矩器油温表 19、发动机油压表 45、双针式气压表 12 和小时计 14 等。其传感器串联在对应仪表的搭铁电路中，各表的正常指示值见表 6-6。

表 6-6　ZL50C 装载机各仪表的正常指示

仪表	正常指示值	量程	仪表	正常指示值	量程
电流表/A		±50	变矩器油压表/MPa	1.4~1.6	0~3.2
发动机水温表/℃	67~90	50~135	发动机油压表/MPa	0.2~0.4	0~0.6
变矩器油温表/℃	50~120	50~135	双针式气压表/MPa	0.6~0.8	0~1.0

（5）辅助电器。ZL50C 装载机辅助电器主要包括单刮水片电动刮水器、电风扇、电喇叭和保险装置等。

1）电动刮水器 7 由电动刮水器开关 21 控制，有慢、快两个挡位，具有自动复位功能。

2）电风扇 8 由电风扇开关 24 单独控制。

3）双音电喇叭 4 由喇叭继电器 5 和喇叭按钮 25 控制。

4）总线路的熔断器集中布置在熔断丝盒 46 内，便于检修和更换。

ZL50C 装载机主要电系常见故障的诊断和排除方法见表 6-7。

表 6-7　ZL50C 装载机主要电系常见故障的诊断和排除方法

系统	故障现象	原因及排除方法
充电系统	不充电	先检查熔断器是否熔断，充电电路连接是否良好；再检查电源开关 37 和电源控制开关 43 是否工作良好；最后检查发电机 36 和组合调节器 38 工作是否正常
	充电电流过大	充电电流过大主要是由于调节器调压值过高或失效造成，应检修调节器

系统	故障现象	原因及排除方法
充电系统	充电电流过小	先检查调节器的调压值是否过低，触点烧蚀是否严重；再检查各连接导线是否接触良好、电源总开关触点是否严重烧蚀；最后检查发电机内部是否出现接触不良、局部短路、短路、个别二极管断路故障
	充电电流不稳	先检查各连接导线是否松动，再检查调节器工作是否稳定，最后检查发电机内部是否出现局部断路故障
起动系统	起动机不转	先检查蓄电池是否严重亏电，电缆接头是否牢靠；再检查直流电机是否能转，电磁开关是否工作正常；最后检查点火开关和起动按钮是否工作正常
	起动机运转无力	先检查蓄电池是否亏电，电缆接头是否接触不良；再检查直流电机内部是否存在局部断路、短路，换向器脏污，烧蚀等故障；最后检查电磁开关接触盘是否过度烧蚀
	起动机空转	先检查单向离合器是否打滑，拨叉是否脱出；再检查驱动齿轮与飞轮齿圈是否过度磨损；最后检查主电路接通是否过早
照明系统	所有灯都不亮	先检查相关保险是否烧断；再检查相应开关是否工作正常
	个别灯不亮	先检查灯泡是否烧坏；再检查相应连接导线是否断开
仪表系统	整个仪表均不正常	先检查保险是否烧断；再检查公共火线是否断开
	个别仪表不正常	先检查该仪表与传感器的连接导线是否接触良好；再检查该仪表配套的传感器是否失效；最后检查该仪表内部是否出现故障

第四节　全车电路维修

一、全车线路技术状况的检查

在进行技术保养、发现故障和检修时应对全车线路进行检查，检查时应注意以下几点。

（1）固定状况。各电器和导线固定是否可靠，外体是否完好无损，零件是否完整无缺。

（2）清洁和接触状况。导线上有无油迹、污垢和灰尘，各接触处有无锈蚀、油垢和烧蚀现象，导线连接是否良好，各搭铁处是否搭铁可靠，各插头是否插紧。

（3）绝缘和屏蔽状况。导线绝缘层及其绝缘材料是否损坏或老化，导线裸露处是否用胶布包好，导线屏蔽层有无断裂和擦伤。

（4）接线状况。各接线处导线的线号是否符合要求，各导线有无错乱和线头脱落现象。

（5）熔断器状况。各熔断丝是否完好，接触是否良好，是否符合该电路额定数值。

（6）操作状况。各开关按钮工作是否正常，有无发卡、失灵现象。

二、电气性能的检查

检查电路的基本工具包括万用表、试灯、发光二极管、试电笔等。

（一）检查电路的方法

当电路出现故障时，在进行检查之前，应首先仔细阅读电路图，将系统电路读懂，搞清楚系统的功能，然后再根据电路图从电源开始检查，一直查到搭铁，就可将故障点查出。

1. 熔断器及相关电路的检查方法

熔断器本身可用目视或万用表的电阻挡进行检查，测量其是否导通，如果熔断器烧毁，用万用表测试时，其电阻为无穷大。熔断器烧毁后，应找出熔断器烧毁的原因，并对线路进行测量。测量时，可用万用表或试灯测量熔断器的电源端是否有电源的电压，测量电器端是否直接搭铁。如果电源端无电压则应继续向电源方向检查，直至查到电源为止。若电器端搭铁（对搭铁的电阻为零），则必须查出线路在何处搭铁，并排除故障，否则换上新熔断器也会烧毁。

2. 继电器及相关电路的检查方法

继电器一般由一个控制线圈和一对或两对触点组成，触点有常开和常闭触点之分。检查时，用万用表的电阻挡测量继电器的线圈，检查其电阻是否符合要求。如果电阻符合要求，再给继电器线圈加载工作电压，检查其触点的工作情况。如果是常开触点，加载工作电压后，触点应闭合，测量电阻应为零；如果触点为常闭触点，加载工作电压后，其触点应断开，测量电阻应为无穷大，如图6-9所示。

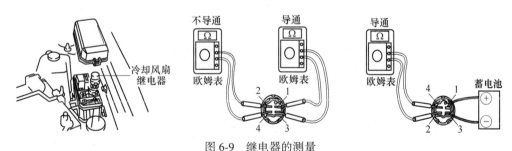

图6-9　继电器的测量

1，3—线圈连接端子；2，4—常开触点连接端子

相关电路检测时，继电器线圈的两个插脚，其中一个在控制开关接通后应有继电器的工作电压，另一插脚应搭铁。触点的插脚应根据电路图确定其应接电源还是搭铁，并按照其工作情况用万用表检测是否符合要求，如图6-10所示。

3. 传感器类零件的检查方法

目前工程装备上的传感器按是否需要工作电源可分为有源传感器和无源传感器；按输出信号的类型可分为输出电压信号和输出频率信号等。在检查时应根据传感器的不同类型按不同的方法进行检测。对于有源传感器，应检查其工作电压和信号电压或频率是否正

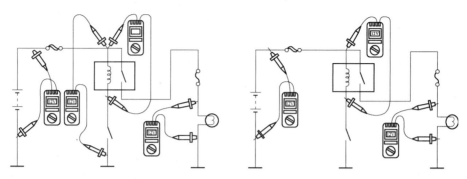

图 6-10　继电器相关电路的检查

常，如果能测量传感器的电阻，还需进行电阻的测量，检查其是否在规定的范围之内。对于无源传感器则应检查其信号电压或信号的频率是否符合要求。若能测量电阻，也需检查电阻是否在规定的范围之内。还有一类开关型的传感器，检查的方法是：在其工作范围内检查其能否按照工作要求完成开关动作。

4. 电磁阀类元件的检查方法

电磁阀类零件的检测，主要是用万用表检查其线圈的电阻是否符合要求及在通电后，电磁阀的动作是否符合要求及是否达到规定的效果，如图 6-11 所示为电磁真空阀的检查方法。

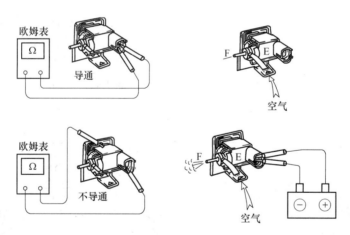

图 6-11　电磁真空阀的检查方法

5. 灯泡的检查方法

灯泡是电器元件中比较容易损坏的部件。检查时，一般可用万用表检查灯丝的通断，如果测量到灯丝的电阻为无穷大，则为灯泡损坏。灯泡的检查如图 6-12 所示。

6. 开关的检查方法

开关是工程装备电器中最常用的部件，可根据开关的功能和开关各挡位的导通情况用万用表进行检查。通常开关与线束连接时采用插接器，插接器上的导线都有编号。检查时，使开关处于不同的挡位，按照开关接通情况测量插接器或插头与相应编号导线之间的导通情况，如图 6-13 所示。如果检查的结果不符合开关的功能要求，说明开关已经损坏。

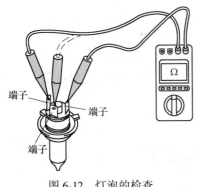

图 6-12 灯泡的检查

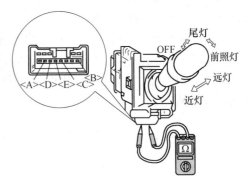

图 6-13 开关的检查

7. 线路的检查方法

线路检查一般采用两种方法，一种是利用万用表的电压挡，沿着电路图中的线路分段用万用表检查电压或用试灯测试亮灭的情况；另一种方法是用万用表的电阻挡测量相应导线的通断程度及搭铁情况，如图 6-14 所示。

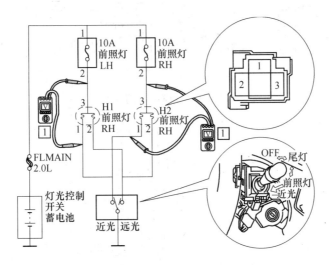

图 6-14 线路的检查

(二) 利用电路图检查故障

1. 利用电路图检查故障的方法

当电气系统出现故障时，首先应确定故障的现象和发生故障的条件，这样可以大致确定故障的范围。检查时，应首先对电源、故障系统的供电情况及故障元件本身进行检查，如果通过上述检查工作还不能确定故障原因时，就需借助电路图进行故障诊断。电路图可以提供电气设备的基本电路、电器元件的安装位置、线束及连接器的基本情况。在使用电路图进行故障诊断时，可按下述步骤进行：

（1）在电路图中找出故障系统的电路，并仔细阅读。

（2）通过阅读电路图，找出故障系统电路中所包含的电器元件、线束和插接器等。

（3）通过电路图找出上述电器元件、线束和插接器在车上的安装位置及电器元件以及插接器上各端子的作用或编码。

（4）对怀疑有故障的部件按前述内容进行检测。

（5）根据电路图检查线束的短路和断路情况，直至查出故障的部位。

如图 6-15 所示为利用电路图进行电压检测的情况，如图 6-16 所示为利用电路图进行短路检查的情况。

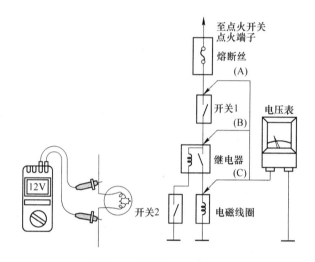

图 6-15　线路电压的检查

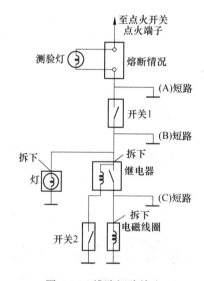

图 6-16　线路短路检查

如果检测到的数据与正确的数据不符，就说明系统有故障。如图 6-17 所示，在开关断开时各点的电压应为万用表所示的数值。如图 6-18 所示为开关接通时各点的电压，如果电压不符，说明存在故障。如图 6-19 所示，继电器触点处有 2V 电压，说明此处有接触电阻，故障为触点接触不良。

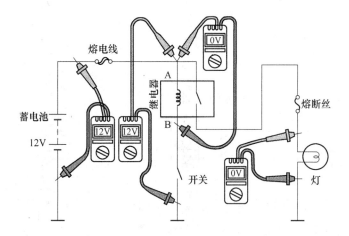

图 6-17 开关断路时各点电压的正确数据

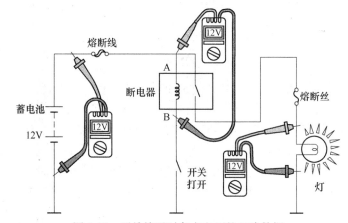

图 6-18 开关接通时各点电压的正确数据

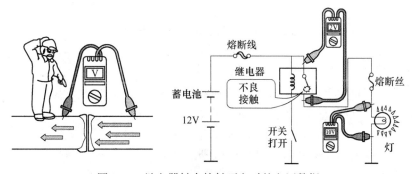

图 6-19 继电器触点接触不良时的电压数据

2. 利用电路图检查故障实例

一辆机械的右侧前照灯的近光和远光都不亮，诊断时应在电源检查的基础上仔细阅读电路图，前照灯的电路图如图 6-20 所示。阅读完电路图后可根据故障的现象分析故障可能发生的部位。这些部位包括蓄电池、FL MAIN 熔断器、前部右侧熔断丝、前照灯右侧灯泡、组合开关、接线器和线束等，然后根据故障的现象分析排除非故障的原因。由于左

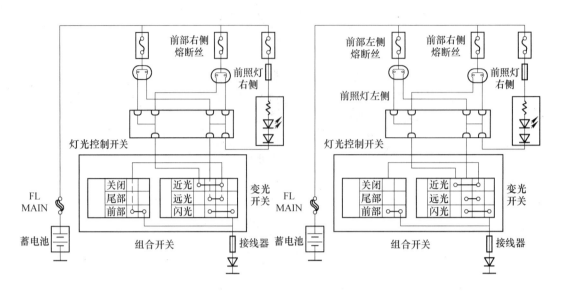

图 6-20 前照灯的电路图

侧前照灯无问题，所以蓄电池、FL MAIN 熔断器可以排除掉，组合开关和接线器同时控制左右前照灯的电路，左侧前照灯正常，说明组合开关和接线器也正常。通过上述分析可知，可能出故障的部位只有前部右侧熔断丝、右侧灯泡和线束。下一步可以对熔断丝、灯泡进行检查，检查的结果是熔断丝烧坏。再下一步是要确定熔断丝烧坏的原因，熔断丝烧坏的多数原因是线路发生了短路，因此还需对线路进行检查。检查时，可将灯泡的插接器作为检查的部位，用万用表的电阻挡检查插接器上三个端子的绝缘情况，如果电源端绝缘情况良好，说明短路发生在下游电路，此例中的短路是线束短路，维修后更换熔断器，则故障排除。

第五节　全车电路实例

本节收集了一些工程装备的全车电路，以供维修时参考。

（1）高速挖掘机全车电路，如图 6-21 所示。

（2）YL9/16 型压路机全车电路，如图 6-22 所示。

（3）PY-160B 平路机全车电路，如图 6-23 所示。

（4）TY220 推土机全车电路，如图 6-24 所示。

（5）74Ⅲ型挖掘机全车电路，如图 6-25 所示。

（6）ZL50C 装载机全车电路，如图 6-26 所示。

（7）高速轮胎式装载机、高速推土机全车电路，如图 6-27 所示。

（8）由于 JY2300/JY2300G 轮胎式液压挖掘机全车电路图比较复杂，难以在本书全部展现，读者有需要请通过邮箱联系作者。

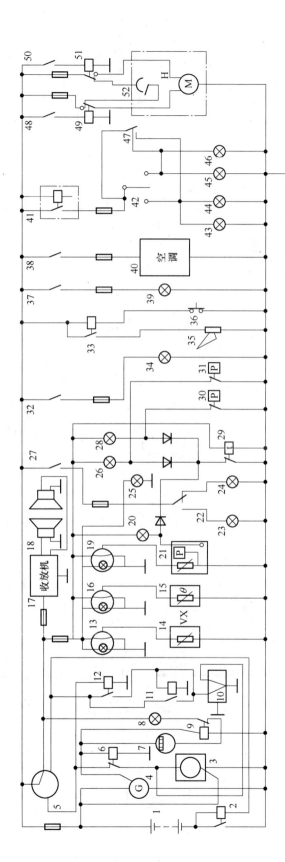

图 6-21　高速轮胎式挖掘机电气系统图

1—蓄电池；2—电源总开关；3—起动电阻；4—发电机；5—点火钥匙开关；6—保护继电器；7—工作小时计；8—充电指示灯；9，11，12，49，51—继电器；10—熄火电磁铁；13—燃油量表；14—燃油量传感器；15—水温传感器；16—水温表；17—收放机（可选）；18—喇叭；19—机油压力表；20—机油压力报警灯；21—机油压力传感器；22—变光开关；23—前大灯近光；24—前大灯远光；25—示宽灯；26—前大灯开关；27—前大灯开关；28—空滤器污染传感器；29—时间继电器；30—空滤器污染传感器；31—液压油污染传感器；32—工作灯开关；33—喇叭继电器；34—工作灯；35—电喇叭；36—喇叭按钮；37—室内灯开关；38—室内灯；39—室内灯；40—空调电源开关；41—闪光继电器；42—转向灯开关；43—左转向指示灯；44—左转向灯；45—右转向灯；46—右转向指示灯；47—停车示警灯；48—雨刮慢挡开关；50—雨刮快挡开关；52—电雨刮

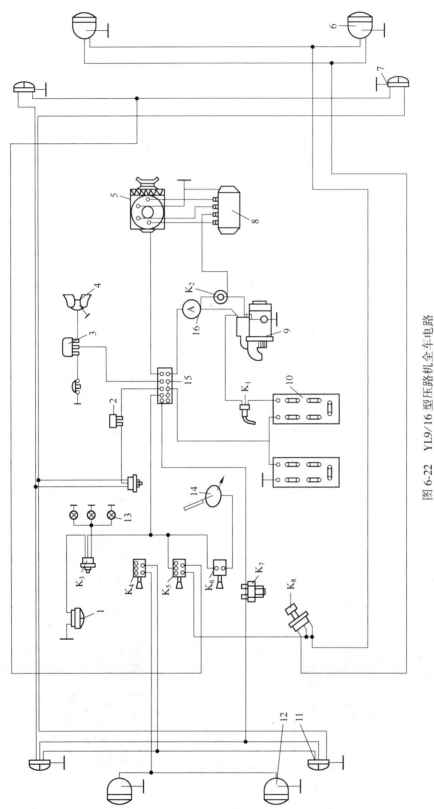

图 6-22　YL9/16 型压路机全车电路

1—顶灯；2—闪光继电器；3—喇叭继电器；4—喇叭；5—发电机；6—前大灯；7—前小灯；8—调节器；9—起动机；10—蓄电池；11—尾灯；12—大灯；13—仪表灯；14—刮水器；15—保险盒；16—电流表；K_1—电源开关；K_2—起动开关；K_3—仪表灯开关；K_4—后灯开关；K_5—前大灯开关；K_6—刮水器开关；K_7—制动灯开关；K_8—变光开关

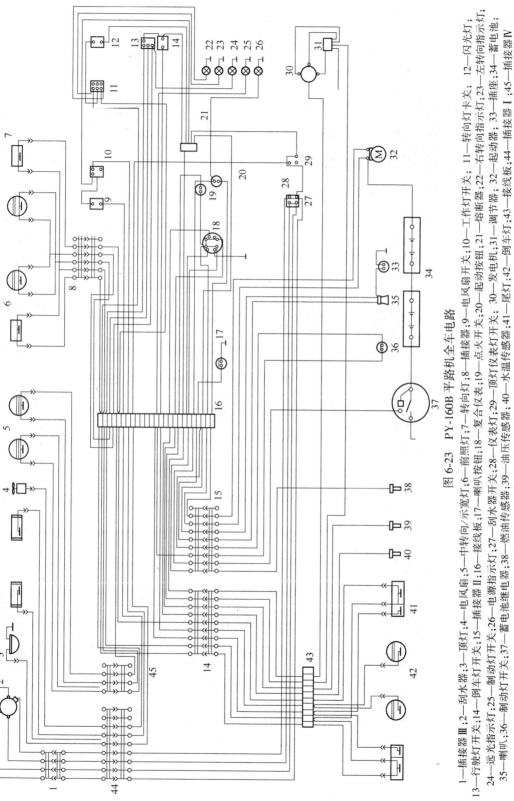

图 6-23　PY-160B 平路机全车电路

1—插接器Ⅲ;2—刮水器;3—顶灯;4—电风扇;5—中转向/示览灯;6—前照灯;7—转向灯;8—插接器Ⅱ;9—插接器;10—工作灯开关;11—转向灯开关;12—闪光灯;13—行驶灯开关;14—倒车灯开关;15—接线板;16—接线板Ⅱ;17—喇叭按钮;18—复合仪表;19—点火表;20—起动按钮;21—熔断器;22—右转向指示灯;23—左转向指示灯;24—远光指示灯;25—制动指示灯;26—电源指示灯;27—刮水器开关;28—电源指示灯;29—顶灯仪表灯开关;30—发电机;31—调节器;32—起动机;33—插座;34—蓄电池;35—喇叭;36—制动灯开关;37—蓄电池继电器;38—燃油传感器;39—油压传感器;40—水温传感器;41—尾灯;42—倒车灯;43—接线板 I;44—插接器 I;45—插接器Ⅳ

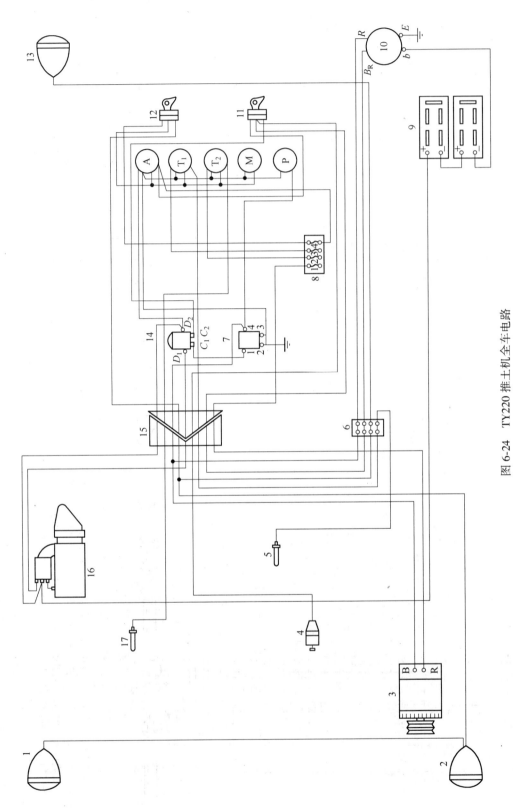

图 6-24　TY220 推土机全车电路

1—右前大灯；2—左前大灯；3—发电机；4—PT 泵电磁阀；5—水温表感应器；6—接线板；7—灵敏继电器；8—保险丝盒；9—蓄电池；
10—搭铁开关；11—钥匙开关；12—后大灯；13—后大灯；14—钥匙开关；15—接线插头；16—起动机；17—油温表感应器；
A—感应塞；T₁—水温表；T₂—油温表；P—机油压力表；M—计时表

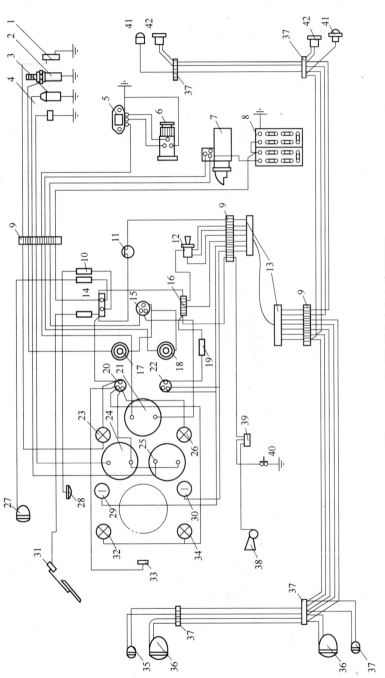

图 6-25　74Ⅲ型挖掘机全车电路原理图

1—皮带断裂开关;2—预热塞;3—油温感应塞;4—油压感应塞;5—调节器;6—发电机;7—起动电机;8—蓄电池;9—接线板;
10—单线插头;11—气刹开关;12—变光开关;13—八芯插头座;14—单线插头座;15—点火开关;16—车灯开关;17—预热按钮;18—起动按钮;19—闪光继电器;
20—仪表开关;21—电流表;22—转向表;23—皮带断裂指示灯;24—油压表;25—油温表;26—仪表指示灯;27—工作灯;28—顶灯;29,30—左右转向指示灯;
31—电雨刮;32,34—仪表照明灯;33—插座;35—小灯;36—大灯;37—接线板;38—皮带断裂指示灯;39—喇叭继电器;40—喇叭按钮;41—后转向灯;42—后灯;

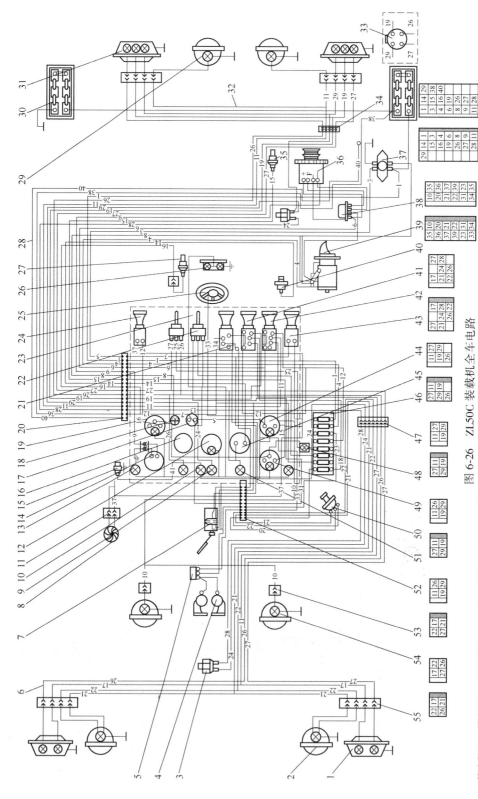

图 6-26 ZL50C 装载机全车电路

1—前小灯;2—前大灯;3—制动开关;4—双音电喇叭;5—喇叭继电器;6—前灯线束电路总成;7—电动刮水器总成;8—电风扇;9—制动指示灯;10—低压警报指示灯;11—双线插座;12—前后制动灯;13—仪表灯;14—小时计;15—低压警报开关;16—变速器油压表;17—电锁;18—起动按钮;19—变矩器油温表;20—二十一线插接器;21—刮水器开关;22—后尾灯;23—转向灯开关;24—电风扇开关;25—喇叭按钮;26—顶灯;27—变矩器油温传感器;28—主线束电路总成;29—后大灯;30—蓄电池;31—后尾灯;32—后灯线束总成;33—主车插座总成;34—发动机水温传感器;35—发动机水温表;36—发电机;37—电源总开关;38—调节器;39—起动电机;40—机油压力感应塞;41—前小灯;42—仪表灯;43—后大灯,后小灯,工作灯;44—电源控制开关;45—发动机油压表;46—八脚断丝盒;47—儿线插接器;48—电池应塞;49—发动机水温;50—变光开关;51—转向指示灯(左,右);52—十二线插接器;53—单线插接器;54—工作灯;55—四线插接器

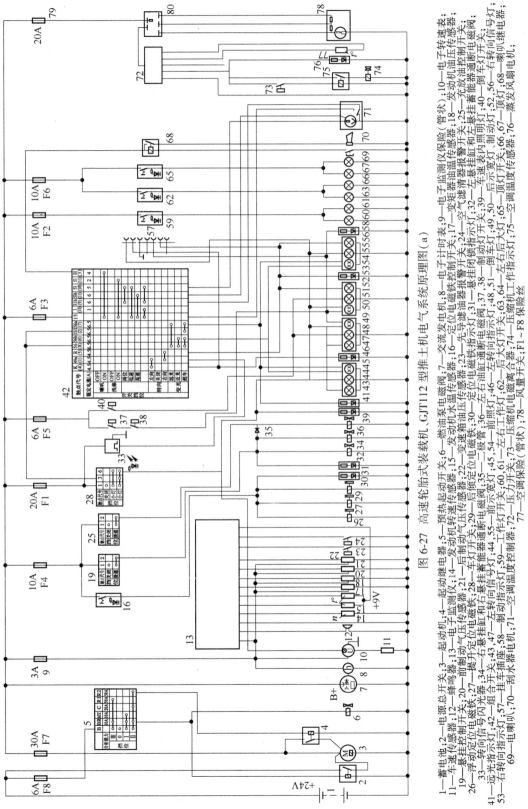

图 6-27 高速轮胎式装载机, GJT112 型推土机电气系统原理图 (a)

1—蓄电池; 2—电源总开关; 3—起动机; 4—起动继电器; 5—预热起动开关; 6—燃油泵电磁阀; 7—交流发电机; 8—电子计时表; 9—电子监测仪; 10—电子转速表; 11—车速传感器; 12—蜂鸣器; 13—电子监测仪; 14—发动机转速传感器; 15—发动机水温传感器; 16—定位电磁铁控制开关; 17—变矩器油温传感器; 18—发动机油压传感器; 19—悬挂传感器; 20—前制动气压传感器; 21—后制动气压传感器; 22—变速箱油压传感器; 23—先导气压传感器; 24—空气滤清器报警开关; 25—充放油传感器开关; 26—浮动定位电磁铁; 27—提升定位电磁铁; 28—后制动灯开关; 29—前制动灯开关; 30—左定位电磁铁; 31—右悬挂缸和左悬挂缸断油电磁阀; 32—车速表能断左悬挂; 33—转向信号闪光器; 34—悬挂缸断通断电磁铁; 35—二极管; 36—左油缸通断电磁阀; 37—悬挂闭通断电磁阀; 38—悬挂缸和左悬挂缸断油电磁阀; 39—悬挂表室内照明灯; 40—倒车灯开关; 41—远光指示灯; 42—组合开关; 43—工作开关; 44—前照灯; 45—前示宽灯; 46—左转向信号灯; 48—左转向指示灯; 49—倒车灯; 50—后示宽灯; 52—右转向信号灯; 53—后转向指示灯; 57—挂车插座; 58—制动指示灯; 59—工作开关; 60—右示宽灯; 61—左照明灯; 62—后大灯开关; 63—右大灯; 64—左转向信号灯; 65—压缩机电磁离合器; 66—顶灯; 67—顶灯开关; 68—喇叭继电器; 69—电喇叭; 70—制水器电机; 71—空调温度控制器; 72—压力开关; 73—压力开关; 74—空调机工作指示灯; 75—空调温度传感器; 76—蒸发风扇电机; 77—空调保险 (管状); 78—风量开关; F1~F8 保险丝

复 习 题

6-1 试述线束安装注意事项。

6-2 试述工程装备电路图的特点。

6-3 试述工程装备电路图的识读方法。

6-4 试述工程装备全车线路技术状况的检查方法。

第七章 典型工程装备电控系统维修案例

工程装备电气设备总线路是将电源系统、起动系统、照明、仪表以及辅助装置等，按照它们各自的工作特性以及相互的内在联系，通过开关、导线、保险器连接起来，所构成的一个完整的整体。

第一节 高速推土机电子监控系统维修

本节以高速推土机（装载机）电子监测仪表盘为例进行介绍。

一、组成

高速推土机采用高科技新一代智能化工程装备电子监测系统，它通过安装在推土机（装载机）各部位的传感器、报警开关，可同时监测 8 路模拟量和 2 路开关量，四位 LED 显示被监测项目（模拟量）的即时数值，监测机械运行的工作状况，当机械的工况出现超常情况时，根据预先设定的数据（报警值）分三级发出光或声光报警，提醒司机及时处理，防止各类事故的发生。

本系统由 DJY-11 电子监测仪（简称主机）、发动机转速传感器、温度传感器（2只）、压力传感器（4 只）、报警开关（2 只）和报警蜂鸣器等组成。

二、工作原理

推土机（装载机）各部位（柴油机、变速箱、变矩器、油路、气路等）的工作参数——温度、压力等物理量，通过安装在各部位的传感器把物理量转换成电量、电压或电流，经过前置放大器转换成电压量，输到主机相应的输入口，主机采用单片计算机作微处理器，应用计算机技术对输入信号进行实时数据处理，并输出相应的信号至 LED 显示器和各报警单元，实施显示和报警。

（一）功能实现

自检：分开机自检及手动自检。

开机自检：打开电源控制开关，整个系统一通电即进入工作状态，并自动进行自检，此时主机应显示 8888，项目指示灯（绿）、项目报警灯（红）交替点亮，报警总灯闪烁，蜂鸣器断续鸣响，持续 3s，表示系统正常。否则可根据主机的显示值对照故障代码表（见表 7-1），查出出错项目，据此可顺利找出故障部位并将其排除。

表 7-1 故障代码

出 错 项 目	显 示 值	备 注
A/D 转换高电平出错	1111	
A/D 转换低电平出错	2222	
蓄电池电压断线出错	3333	
冷却水温度断线出错	4444	
变矩器油温断线出错	5555	
发动机油压断线出错	6666	*
前制动气压断线出错	7777	*
后制动气压断线出错	9999	*
变速油压断线出错	0000	*
正常	8888	

注："*"表示三级报警。

手动自检：系统在任一工作状态下，按"自检"键，同样可以进行自检，检查系统的运行状况。

（二）分级报警

系统根据参数的重要程度分三级报警：

（1）一级报警为项目报警灯闪烁，提醒驾驶员引起注意。

（2）二级报警为项目报警灯和报警总灯闪烁，提醒驾驶员作出相应处理。

（3）三级报警为项目报警灯及报警总灯闪烁，同时报警蜂鸣器响，要求驾驶员立即停车检查并排除故障。

"∧""∨"键为显示项目选择键，可上行或下行选择所需观察项目的数值，本系统可显示项目为①、②、③、④、⑤、⑥、⑦、⑧，而⑨、⑩为开关量，不予显示，也不可选择。

"⍉"键：当报警蜂鸣器响时，按一下该键即可屏蔽报警蜂鸣器，当故障排除后，再按一下该键，屏蔽被取消。

（三）显示

本装置显示的参数，对应于项目指示灯亮的项目，其单位为该项目名称后括号中所标注的单位，例如，"蓄电池电压"项目绿灯亮，这时显示值为 24.2，则表示蓄电池电压为 24.2V。

三、电子监测仪表板布置

DJY-11 电子监测仪面板布置如图 7-1 所示。

四、常见故障排除

由于本系统为车载式电子监测系统，现场一般不具备修理的条件，因此发现属本系统

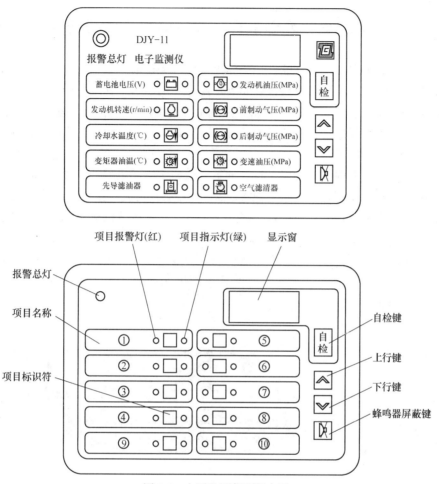

图 7-1　电子监测仪面板布置

部件故障或损坏，采取更换备件的办法予以处理，故使用维修人员应熟悉掌握本系统对故障的判断、排除方法：

（1）开启电源无光声，则应检查有无 24V 电源输入（主机上的四位输入插座中），如无，则检查保险管和电源接线是否完好，如有损坏即排除之，需要注意更换的保险管容量不得大于 3A。

（2）开启电源系统不进入自检状态，此时应再按动自检键，如仍不进入自检状态，则说明主机有故障，需更换主机。

（3）开机后，如主机内有灯不亮，应更换主机。

（4）开机后当系统进入自检状态时，显示器不显示 8888，而显示其他 4 位相同数字时则说明有可能某一通道出现故障，首先检查连线是否完好然后检查传感器信号输出，再检查主机输入端有无信号输入，如有则说明主机故障，应更换主机。

（5）当某油压、气压通道出现报警而其他通道工作正常时，要立即选择观察该通道显示值，若显示为 0 或显示值较大（接近量程上限），一般为压力传感器故障，应检查更换。

第二节　两栖工程作业车电控系统维修

两栖工程作业车主要用于登陆作战中伴随两栖机械化部队行动，在突击上陆阶段，主要在滩头和阵前障碍区中清除三角锥等非爆炸性障碍物和填平弹坑及防坦克壕，对爆破后的阻绝墙扩豁，保障两栖战斗车辆突击上陆为后续车辆开辟通路；在扩大和巩固登陆阶段，主要是清除残存障碍物、平整场地及道路，构筑临时卸载码头进出路，抢修、抢构野战工事。

两栖工程车具有多种作业功能，是一种集机械、液压、电控、电气、光学、武器等多个分系统组成的复杂工程保障装备。两栖工程车主要由底盘、作业装置及电气系统等组成。作业装置由推土装置、回转平台、多用工作臂、作业装置液压系统、作业装置电控系统等组成，推土装置安装在车体的前部，多用工作臂通过回转平台固定在上甲板的中前部；液压系统采用负荷传感电液比例控制系统，通过先导操纵来完成作业装置的作业；电气系统包括底盘电器、底盘虚拟仪表系统及主配电箱、作业装置电控系统、监视系统、GPS 定位导航系统和通信设备，具体如图 7-2 所示。

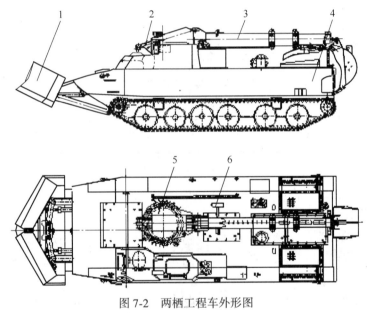

图 7-2　两栖工程车外形图

1—推土装置；2—作业装置液压系统；3—多用工作臂；
4—底盘；5—回转平台；6—作业装置电控及监视系统

一、两栖工程作业车电控系统组成

两栖工程作业车底盘电器主要包括发电机及电压调节器、蓄电池、起动电机和各种灯具及喇叭等。两栖工程作业车底盘虚拟仪表系统及主配电箱包括底盘虚拟仪表系统、控制盒、主配电盒等。两栖工程作业车作业装置电控系统主要由硬件和软件两部分组成，其中，硬件由作业舱控制面板、操作手柄、控制盒、比例放大模块、传感器和连接线束等组成；软件由可编程控制器软件和显示器软件组成。

二、两栖工程作业车电控系统构造

两栖工程作业车工作装置电子控制系统主要是指两栖工程作业车虚拟仪表、作业装置电控及监视系统等，具体而言，两栖工程作业车作业装置电控系统主要由中心控制盒、驾驶舱操纵显示盒、作业舱操纵显示盒、推土手柄盒、挖掘手柄盒、监视控制盒、监视摄像头、连接线缆以及感知车辆现场状态的传感器和完成作业的执行器等组成，具体如图 7-3 所示。

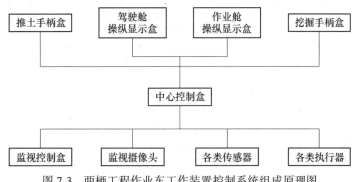

图 7-3　两栖工程作业车工作装置控制系统组成原理图

三、两栖工程作业车电控系统工作原理

两栖工程作业车控制系统中的可编控制器通过采集与其连接的手柄、功能按钮等相应设备输入的信号以及接收总线上的相关数据，通过编制的控制软件对所采集的信号进行分析、运算，将处理后的发动机、传动箱、底盘及上装液压系统等车辆关键部件的重要性能参数（如车速、发动机冷却水温、发动机转速、摩托小时、传动箱润滑油温、底盘及上装液压系统油温和压力等）通过 CAN 总线传送到显示终端以虚拟仪表的方式进行显示，将处理后的作业控制信号输出至相应的执行器（如作业装置的液压系统的电磁阀和指示单元），驱动液压系统工作和指示相应的工作状态，实现推土、清障、挖掘、夹抓等作业功能。

在行驶或作业过程中，若装备设备状态出现异常，系统自动报警提示，并可通过操作，将重要的参数（行驶里程、摩托小时、作业时间）和报警内容上传给上位机，以供数据管理和备案。

同时通过监视系统摄像头将视频信号反馈给驾驶舱和作业舱，供作业人员作业时参考。

四、两栖工程作业车工作装置控制系统常见故障

1. 使用环境及故障规律分析

两栖工程作业车的使用环境恶劣，即大范围的温度和湿度变化，波动的电压及较强的脉冲干扰，电器间的相互干扰，剧烈的振动以及盐水的侵蚀，根据电控系统故障的统计分析发现，故障的产生与发展具有一些共同特征，这些特征为研究电控系统故障的诊断与排

除提供了线索和依据。

（1）故障发生的人为性。在修理过程中，由于电气设备多，线路复杂，若操作人员不熟悉装备，很容易引发故障，所以人为因素是故障发生的主要因素之一。

（2）机械部分故障发展的渐进性。电气设备中机械部分故障的发生一般有一个较长期的潜伏期，并通过各种现象与症状表现出来，大多数故障都是从老化、堵塞、松动、干摩擦、配合不当等开始，渐进性故障较多。

（3）电气故障发生的突发性。电气设备的故障大多数是由电子元器件的损坏、连接部件的松脱、电路的突然短路或断路等突发原因引起。

（4）故障的传递与扩展性。很多零部件的故障，若不及时制止，必然影响周围零部件与系统，甚至整个装备。如发电机二极管的损坏，会造成发电机不发电，蓄电池不能得到及时充电而性能下降，甚至损坏。

（5）高频故障的先天性。故障的内在原因是电气设备的固有特性存在的严重缺陷，即先天不足。如结构可靠性考虑严重不足，维修性差，保障性考虑不周，检测系统不完善等。

根据电气设备故障发生发展的特点及其规律，可以看出电气设备的固有特性不足是基础，服役后的使用维修不当是重要的诱发因素，是电气设备加速出现故障的重要诱因。

2. 电机故障

无论是起动机还是发电机，都是电机，都可看成动、静两组电感器件（线圈）借助于电磁场的相互作用而构成的统一体。同时还有碳刷等接触器件、整流与机械器件等组成。电机的故障机理主要取决于电感器件和接触器件的故障机理，即线圈老化与内部短路、线头断路，接触表面腐蚀、烧蚀与接触阻抗等。

（1）电机故障统计分析（见表7-2）。

（2）电机的老化分析。电机主要受四个方面因素的作用而逐渐老化，造成绝缘下降，内部短路。

表 7-2 电机故障部位分布百分比

故障现象	所占比例/%
线圈短路、烧坏	18
绝缘下降	17
碳刷、整流部分接触不良	25
滚动轴承故障	25
转子不平衡	6
轴套磨损	2
其他	7

1）电气老化。当绝缘材料承受高压时，绝缘表面或内部空隙发生放电，侵蚀绝缘材料使其绝缘性能下降。

2）热老化。绕线外层合成树脂系列绝缘材料在温度升高时分子间的一系列分解、挥发、氧化等过程，结果是绝缘性能下降、材料变脆。

3）机械老化。受起动—运行—停机和负荷变动所造成的热循环影响，绝缘材料与导电体发生反复变形，使电机的绝缘性能下降。此外，受电磁力、振动和重力作用，绝缘劣化也会加速，这方面尤以转子绕组更明显。

4）环境因素引起的变化。电机周围环境中有灰尘、腐蚀性气体、水分、附着的油类、放射性等不利因素的存在，加剧了老化过程。

（3）电机接触器件的故障。碳刷、滑环等接触器件在工作中，接触面之间的循环造成最明显的故障是接触元件损坏和这些元件接触不良。由于反复循环工作，使接触件持续暴露于可能的腐蚀性污染物之中。这些循环除了会产生接触面上的物理磨损外，还会使界面电阻加大，工作期间接触温度升高和电气连接恶化。

3. 导线、线束故障

导线和线束有两种最主要的失效机理，即导线断裂和绝缘退化。

（1）导线断裂。导线断裂一般都是由于机械应力作用或在设备寿命周期内受其他额外的机械因素作用造成的。这些因素包括冲击、振动、炮火和加速度等。导电线断裂最常见的原因是加工工艺不良、组装工艺不当或机械强度差等。对尺寸较小的铜导线，其机械强度薄弱是断裂的主要问题。无论是对小尺寸还是大尺寸导线，为避免断裂都应使其在连接器上适当消除应力。

（2）绝缘退化。

1）高、低温。随着温度的升高，绝缘体变软，其抗剪强度就会丧失。因过热而硬化的绝缘体如果受到弯曲力，就会出现裂纹。温度低于绝缘体承受值时，如果冷导线或线束受到剧烈弯曲或冲击时，绝缘体就会破裂。

2）湿气与霉菌。湿气可能是导线和线束线绝缘体的主要恶化机理。湿气侵入是导线、线束腐蚀的诱发因素。

总之，机械弯曲、振动、高温、低温、高湿和霉菌等是导线和线束性能下降、破坏的重要诱发因素。

4. 开关、连接器、继电器、接触器故障

开关连接器、继电器、接触器故障分析如下所示。

（1）开关、连接器等故障分析。

插、拔循环是开关、连接器等的主要故障恶化因素。由于这种循环造成最明显的故障是接触元件损坏和这些元件接触不良。许多连接器，尤其是电线型连接器，因为在使用、维护中要反复插拔，因而使接触件持续暴露于可能的腐蚀性污染物之中。这些循环还会产生接触界面上的物理磨损。结果是界面电阻加大，工作期间接触温度升高和电气连接恶化。

开关所承受的化学作用会因高温而加速，开关触点和接地之间的绝缘电阻会随温度升高而降低。高温还会使触点和开关机构的腐蚀速度加快。

因此，插、拔循环还会提高电器连接器的失效率，高温会加速接触器件的损坏。

（2）继电器、接触器故障分析。

机械冲击会使衔铁变形，以至在受到冲击时不能保持定位。高频振动将使弹性元件疲劳或产生共振作用，如果发生在开关触点闭合时，便会使触点反跳造成闭合不严，使电气设备无法正常工作。

继电器、接触器频繁接合与分离，会使触点产生磨损，分离时的火花又会使触点烧蚀而氧化，如果再受环境污染，将加快触点氧化和烧蚀，造成触点接触不良。

5. 电子电路故障

电子电路故障主要是由高温、潮湿盐雾、振动冲击、电磁脉冲等引起。

（1）高温环境。在高温作用下，潜在的缺陷如体缺陷、扩散不良或杂质分布不均匀、氧化物缺陷、裂纹、导线焊接缺陷、污染物（包括湿气）和最后密封缺陷等将加速失效。接触处的膨胀系数差异形成热与机械应力，将加速潜在的制造缺陷。

（2）潮湿盐雾。在潮湿环境里，包装内的湿气会直接引入腐蚀过程并激化一些污染物如剩余气离子，它可能是影响长期工作可靠性的最重要的单项因素，导致器件内的材料退化所需的湿气量可以少到一层水分子。沙尘会造成湿气积聚并引入污染物从而加速腐蚀影响。而盐雾会加速湿气影响，如果气密不良则会造成严重的腐蚀污染问题，可能造成线头腐蚀。

（3）振动冲击。冲击会加速潜在缺陷造成的失效，这些缺陷包括本体材料裂纹、定位偏离和叠装错误，电阻率梯度、极板和膜片之间产生气隙和裂纹、接点缺陷、气密部位缺陷等。振动与冲击的破坏主要是器件永久变形、扩大裂缝、破坏插座之间的密封，使性能不稳定和调零困难、元件松弛、读数不准、内部线路断开、导线损坏、电器损坏等。

（4）电磁脉冲。在强电磁脉冲环境里，靠近设备表面敷设的电线（电缆、天线、数据传输线等）可能会受到电磁脉冲的作用而产生浪涌电流，造成烧蚀、击穿、工作不稳或无法工作等不良影响。

6. 电感器件故障分析

对于电感器件，绝缘材料的选择与防短路是最重要的问题。短路通常是绝缘损坏的结果。绝缘损坏是由于化学变化及温度、湿度和与周围气体的反应导致的加速恶化。

绝缘材料的热老化机理复杂而且随材料成分和工作条件而变化，主要的恶化过程包括：

（1）绝缘材料成分挥发。

（2）氧化。氧化会造成交叉耦合和断裂或产生挥发性物质。

（3）化学分子的聚合作用。聚合会降低绝缘材料的韧性。

（4）水解分裂。这是在热和其他因素影响下与湿气起反应造成的，会导致分子分解，构成成分的化学分解，形成恶化产物，典型情况是释放出盐酸，转而进一步催化分解。

通过对两栖工程作业车电子控制系统电气设备的常见故障的分析和深入的研究，总结了故障形成的规律，为故障点的选取、故障点的设置与排除，并为故障的诊断奠定了理论基础。

五、两栖工程作业车电控系统常用检修方法

电子设备测试检修方法很多，但常用的测试检修方法基本上是相同的，主要有以下十种。

1. 直觉检查法

直觉检查法是指在不采用任何仪器设备、不焊动任何电路元器件的情况下，凭人的直觉——视觉、嗅觉、听觉和触觉来检查待修电子设备故障的一种方法。直觉检查法是最简单的一种查找故障的方法。该法又可以分为通电（开机）检查法和不通电（不开机）检查法两种。

（1）不通电（开机）检查法。

采用不通电检查法对电子设备进行检查时，首先要打开电子设备外壳（仪器箱板），观察电子设备的内部元器件的情况。通过视觉可以发现：1）保险丝的熔断；2）集成电路爆裂；3）印制电路板被腐蚀、划痕、搭焊；4）晶体管的断脚；5）元器件的脱焊；6）电子管的碎裂、漏气；7）示波管或整流管的阳极帽脱落；8）电阻器的烧坏（烧焦、烧断）；9）变压器的烧焦；10）油或蜡填充物元器件（电容器、线圈和变压器）的漏油、流蜡等。

用直觉检查法观察到故障元器件后，一般需要进一步分析找出故障根源，并采取相应措施排除故障。

（2）通电（开机）检查法。

在电子设备通电工作情况下进行直觉检查。

1）通过触觉可以检查低压电路的集成块、晶体管、电阻、电容等其他器件是否过热，以及鼓风机风力大小、螺丝是否固定紧等。

2）通过视觉可以检查设备上的各种指示设备是否正常，如电表读数、指示灯是否亮等，发现元器件（电阻器等）有没有跳火烧焦现象；电子管、整流管的灯丝亮不亮，板（屏）极红不红等现象。

3）通过嗅觉可以发现变压器、电阻器等发出的焦味。

4）通过听觉可以发现导线和导线之间、导线和机壳之间的高压打火以及变压器过载引起的交流声等。在雷达中常有一些特有的声响，如闸流管的导电声、火花隙的放电声、继电器的吸动声、电机及转动部件的运转声，此外还可用耳机来监听有无某低频脉冲。

一旦发现了上述不正常的现象，应该立即切断电源，进一步分析出故障根源，并采取措施加以排除。

2. 信号寻迹法

在电子设备测试检修过程中，还经常采用"从输入到输出"检查顺序的信号寻迹法。信号寻迹法通常在电路输入端输入一种信号，借助测试仪器（如示波器、电压表、频率计等），由前向后进行检查（寻迹）。该法能深入地定量检查各级电路，迅速确定发生故障的部位。检查时，应使用适当频率和幅度的外部信号源，以提供测试用信号，加到待修电子设备有故障的放大系统前置级输入端，然后应用示波器或电压表（对于小失真放大电路还需要配以失真度测量仪），从信号的输入端开始，由电路的前级向后级，逐级观察和测试有关部位的波形及幅度，以寻找出反常的迹象。如果某一级放大电路的输入端信号是正常的，其输出端的信号没有、或变小、或波形限幅、或失真，则表明故障存在于这一级电路之中。

3. 信号注入法

信号寻迹法寻找故障的过程是"从输入到输出"，与之相反的是"从输出到输入"检查顺序的信号注入法，信号注入法特别适用于终端有指示器（如电表、喇叭、显示屏等）的，子设备信号注入法是使用外部信号源的不同输出信号作为已知测试信号，并利用被检的电子设备的终端指示器表明测试结果的一种故障检测方法。检查时，根据具体要求选择相应的信号源，获得不同指标（如不同幅度、不同波形等）的已知信号，由后级向前检查，即从被检设备的终端指示器的输入端开始注入已知信号，然后依次由后级电路向前级电路推移。把已知的不同测试信号分别注入至各级电路的输入端，同时观察被检设备终端的反应是否正常，以此作为确定故障存在的部位和分析故障发生原因的依据。对于注入各级电路输入端的测试信号的波形、频率和幅度，通常宜参照被检电子设备的技术资料所规定的数值。特别要注意，由于注入各级电路输入端的信号是不一致的，在条件允许的情况下，应该完全按照被检设备技术资料提供的各级规定输入、输出信号要求进行检测。

4. 同类比对法

同类比对法是指将待检测的电子设备与同类型号的能正常工作的电子设备进行比较、对照的一种方法。通常是通过对整机或对有疑问的相关电路的电压、波形、对地电阻、元器件参数、V-I特性曲线等进行比较对照，从比对的数值或波形差别之中找出故障。在检修者不甚熟悉被检查设备电路的相关技术数据，或手头缺少设备生产厂给出的正确数据时，可将被检设备电路与正常工作的设备电路进行比对。这是一种极有效的电子设备检修方法，该方法不仅适用于模拟电路，也适用于数字设备和以微处理器为基础的设备检修。

5. 波形观察法

波形观察法是一种对电子设备的动态测试法。它借助示波器，观察电子设备故障部位或相关部位的波形，并根据测试得到的波形形状、幅度参数、时间参数与电子设备正常波形参数的差异，分析故障原因，采取检修措施。波形观察法是一种十分重要的能定量的测试检修方法。

电子设备的故障症状和波形有一定的关系，电路完全损坏时，通常会导致无输出波形；电路性能变差时，会导致输出波形减小或波形失真。波形观察法在确定电子设备故障区域、查找故障电路、找出故障元器件位置等测试检修步骤中得以广泛的运用。特别是查故障级电路中具体故障元器件时，用示波器观察测量故障级电路波形形状并加以析，通常可以正确地指出有故障电路位置。波形观察法测得的波形应与被检设备技术资料提供的正常波形进行比较对照。当然，应该注意到，有些电子设备技术资料所提供的正常波形，通常并不一定都十分精确，因此在有些情况下，电子设备中实际测试所获得的波形与其相似时，就认为被测设备的电路已能正常工作。

6. 在线（在路）测试法

在线（In circuit）测试，亦称在路测试，是在不将元件拆下来的情况下运用仪器仪表通过对电路中的电压值、电流值或元件参数、器件特性等进行直接测量，来判断电路好坏的一种方法，这种方法特别适宜在查找故障级电路中具体故障元件时采用。

多用表测试：多用表是维修中最常用的测试仪表。多用表可在通电情况下进行电压电流测试并在不通电情况下可测量电阻值和PN结的结电压等。

进行电压测试时，若在具备被检电子设备技术资料的情况下，可将实际测得的电压值与正常值相比较。通过电压的比较，能帮助找到有故障电路的位置。在不具备被检电子设备技术资料的情况下，亦可通过原理分析和估算，知道该电路或元器件在正常工作状态下的数值（如晶体管各管脚的相对电压值等）。

电压测试通常是在短路输入端（即无电压测试通常是在短路输入端，即无外加输入信号）的情况下进行，即测量静态电压。在进行电压测量之前，应将电压表量程置于最高挡。进行测量时，宜首先测量高电压，后测量低电压，养成依电压高低顺序进行测试的良好习惯。

进行电阻测试时，可将实际测试得到的电阻值与正常值相比较。在测试某点对地电阻值时，宜与被检设备技术资料给定的数据比较对照。通过对电阻的测试，或对可疑支路的点与点之间的电阻测试，以发现可疑的元器件。

7. 交流短路法

交流短路法又称电容旁路法，是一种利用适当容量和耐压的电容器，对被检电子设备电路的某一部位进行旁路检查的方法。这是一种比较简便迅速的故障检查方法。交流短路法适宜判断电子设备电路中产生电源干扰和寄生振荡的电路部位。

8. 分割测试法

分隔测试法又称电路分割法，即把电子设备内与故障相关的电路，合理地一部分一部分地分隔（分割）开来，以便明确故障所在电路范围。该法是通过多次的分隔检查，肯定一部分电路，否定一部分电路，这样一步一步地缩小故障可能发生的所在电路范围，直至找到故障位置。分隔测试法特别适用于包括若干个互相关联的子系统电路的复杂系统电路或具有闭环子系统或采用总线结构的系统及电路中。

9. 更新替换法

更新替换法是一种用正常的元件、器件或部件替换被检系统或电路中的相关元件、器件或部件，以确定被检设备故障元件、器件或部件的一种方法。在现代电子设备的测检修过程中，由于设备的模块化程度越来越高，单元或组件的维修难度越来越大，这种修理方法越来越多地被修理部门所采用。当被检设备必须在工作现场迅速修复、重新投入工作时，替换已经失效的元器件、印制电路板和组件是允许的。但是，必须事先进行故障分析，确认待替换的元器件、部件确实有故障时才可以动手。更新替换法虽然是使电子设备在工作现场的修复时间缩到最短的有效方法，且被替换下来的印刷电路板或组件可以在以后的某个适宜时间和地点，从容地找出有故障的具体位置。但是在使用更新替换法时要注意以下两点。

（1）在换上新的器件之前，一定要分析故障原因，确保换上新的部件之后，不会再引起新部件故障，防止换上一个部件损坏一个部件的情况发生。

（2）替换元器件、部件时，一般应在电子设备断电的情况下进行。尽管有些电子设备即使在通电情况下替换部件也不一定造成损坏，但大部分情况下，通电替换器或部件会引起不可预料的后果。因此，为了养成良好的修理习惯，建议不要在通电情况下替换器件或部件。

10. 内部调整法

内部调整法是指通过调节电子设备的内部可调元件或半调整元件，如半调整电位器、半调整电容器、半调整电感器等，使电子设备恢复正常性能指标的方法。

通常，电子设备在搬运过程中，由于振动等因素引起机内可调元件参数的变化；或者是由于外界条件的变化，使电路工作状态发生了一些变化；或者是由于电子设备长期运行，造成电路参数和工作状态的小范围内的变化。上述这些情况造成的电子设备故障一般通过内部调整法可以排除。

六、两栖工程作业车电控系统检修步骤

电气系统检修一般按照先简单后复杂，先初步检查后进一步检查，先大范围后小范围，最后排除故障的步骤进行。

电路故障的实质不外乎断路、短路、接触不良、搭铁等，按其故障的性质分成两种故障：机械性故障和电气性故障。电气设备线路发生故障，其实就是电路的正常运行受到了阻碍（断路或短路）。分析故障其实就是运用电路原理图，并结合工程装备电路的实际情况来推断故障点位置的过程。

判断故障首要的就是考虑以下三个方面的问题：电源有电吗？线路畅通吗？电器部件工作正常吗？从这三个方面来判断电气故障就简单、方便、快捷了。

1. 检查电源

检查电源简易的办法是在电源火线的主干线上测试，如蓄电池正负极桩之间、起动机火线接柱与搭铁之间、交流发电机电枢接柱与外壳搭铁之间、熔断器盒的带电接头与搭铁之间和开关火线接柱与搭铁之间。测试工具可用试灯，两栖工程车电控系统的电压是24V，采用24V同功率的灯泡为宜，是因为电压与所测系统电压一致是最适合的。

测试中还可以利用导线划火，或拆下某段导线与搭铁作短暂的划碰，实质是短暂的短路。这种做法比较简单，但对于某些电子元件和继电器触点有烧坏的危险。在24V电路中，短路划火会引起很长的电弧不易熄灭。

测试工具最精确的当然是仪表，如直流30~50V电压表，直流30~100A电流表，测电压、电阻和小电流数字万用表最方便。

2. 检查线路

看电源电压能否加到用电设备的两端以及用电设备的搭铁是否能与电源负极相通，可用试灯或电压表检查，如果蓄电池有电而用电设备来电端没电，说明用电设备与电池火线之间或用电设备搭铁与电池搭铁之间有断路故障。在检查线路是否畅通的过程中应注意以下几点：

（1）熔丝的排列位置及连接紧密程度。现代工程装备电路日趋复杂，熔丝多至数十个，哪个熔丝管哪条电路一般都标明在熔丝盒盖上，如未标明，不妨由使用者自己查明写在上面，检查其是否连接可靠。

（2）插接器件接触的可靠性。优质的插接器件拆装方便，连线准确，接触紧密，十分可靠。有些复杂的工程装备电路中，一条分支电路就要经过3~6个插接器才能构成回路。由于使用日久，接触面间积聚灰尘、油垢或渐湿生锈，就会发生接触不良的可能。有些厂家制造的插接器，黄铜片在塑料座上定位不牢，在插按时被推到另一头，甚至接触不上。在判断线路是否畅通时，如有必要可以用带针的试灯或万用表在插接件两端测试，也可以拔开测试。

（3）开关挡位是否确切。有些电路开关如电源开关、车灯开关、转向灯开关、变光开关，由于铆接松动、操作频繁，磨损较快而发生配合松旷、定位不准确，在线路断路故障中所占比率较高。

（4）电线的断路与接柱关系。接线柱有插接与螺钉连接等多种，电器元件本身的接线端是否坚固，有些接线柱因为接线位置关系，操作困难，形成接线不牢，时间长了便发生松动，如电流表上的接线。

有些电线因为受到的拉伸力过大或在与车身钣金交叉部位磨漏而断路或短路。蓄电池的正极桩与火线之间，负极桩与车架搭铁之间，因为锈斑或油漆，都容易形成接触不良。

3. 检查电器

如果电源供电正常，线路也都畅通而电器不能工作，则应对电器自身功能进行检验。检验的方式常有以下几种：

（1）就装备检验。优点是方便、迅速，但易受装备上其他因素的影响。如检查发电机是否发电，可以观察电流表、充电指示灯，也可以熄火后取下"B"柱上的接线，在运转状态下，用灯泡或电压表测试其与搭铁之间的电压。

（2）从装备上拆下检验。当必须拆卸电器内部才能判断电路故障时，则需将电器从装备上拆下来单独检测。单独检测某一电器是将其周围工作条件进行"纯化处理"，使故障分析的范围大大缩小。如发电机电枢绕组是否损坏、前后轴承是否松旷等都要拆卸检测。

有些电器设备，仅用仪表做静态检查还是不能发现本质问题，必须进行动态检测。如发电机的发电能力就要在试验台上进行。

4. 利用电路原理图判断故障

分析和判断电路故障的过程，实质上是根据电路原理图进行实际探测、逻辑思维和形象思维的过程。只要思路符合电路原理，方法简便恰当，都能准确、迅速地查明故障原因。

七、两栖工程作业车电控系统损伤抢修方法

（一）断路

断路是电气系统常见的故障模式，电路中的多种元器件（如电阻、电容、电感、电位器、电子管、晶体管、集成块、开关、导线等）均可能发生断路故障。元器件遭弹片损伤或爆炸冲击波引起设备的振动、位移，都可能造成断路故障。一个元器件的断路，可能导致设备或系统的故障。由于电气元件的种类较多，因此断路的形式也很多，如电阻烧断会引起断路，电位器断线、脱焊、接触不良也会引起断路。

断路的抢修可以采用短路法，即将损坏的元件或电路用短路线连接起来。连接的方式可将短路线缠绕在需短路的两点上，或用电烙铁焊接或在一根导线两端焊上两个鳄鱼夹，使用时直接将鳄鱼夹夹住需短路的两点则更方便迅速。

开关类，如乒乓开关、组合开关、钮子开关、琴键开关等不能动作或接触不良，可将有关触点短路。应注意组合开关和琴键开关的对应触点不能接错，测量无误后再连接。如果是高压开关，直接接通可能影响大型电子管的寿命，可以把开关两触点用导线引出，打开低压后再短路这两根线，此时为带电操作，注意防止触电。

电线及电缆一般都捆扎成匝或包在绝缘胶层内，当发现内某线开路时可在该线的两端用一根导线短路。有时一条线路通过几个接插件、几个电缆或电线匝，当发现这条线路

开路时，不必再继续压缩故障范围可直接将两端短路。

接插件接触不良是经常出现的故障，而且也不易修复，可将接触不良的触点上相应的插针、插孔的焊片或导线短路起来。

电流表串联在电路中，如果电流表开路，则电路因不能形成回路而不能工作，可将电流表两接线柱短路。虽然电流表不能指示但电路可恢复正常工作状态。

有时继电器虽然受控、能动作，但某对触点可能接触不良，可将该对触点短路，也可将有关触点的弹簧片稍微弯动，使每对触点都接触良好。

扼流圈开路后，如找不到可替换品可将其短路，虽然会增大某些干扰，但有时还能工作。

自保电路通常由继电器、门开关等元件组成，如果仅仅是自保电路本身故障，可将自保电路全部或部分短路即可使电路恢复正常。

（二）短路

短路是电流不经过负载而"抄近路"直接回到电源。因为电路中的电阻很小，因此电流很大，会产生很大热量，很可能使电源、仪表、元器件、电路等烧毁，致使整个电路不能工作。如元器件损伤、振动、电容的击穿、绝缘物质失效等均可能造成短路。短路最明显的特征是起动保护电路，如保险烧断等。

如果将这些元件开路，电路即可恢复正常或基本恢复正常。例如，滤波电容击穿后会烧断电源保险丝而产生电源故障，将被击穿的电容开路后，电路即可恢复正常或基本正常。这是电路发生短路时应急修复中最常用的方法。开路的方法可以用剪刀剪断导线、焊下元件或将导线从接线板或接线柱上拧下来，究竟采用哪种方法，应根据当时的条件进行选择。首先应考虑速度要快，其次再考虑以后按规程修理时应方便。注意不要将开路的导线与其他元器件相碰而产生短路。

电压表都是跨接在电源两端用于指示电路工作状态的，电压表击穿或短路后也将使电源短路。若将电压表开路，电路工作将完全恢复正常。

指示灯与电压表一样也是用于指示电路工作状态的，当指示灯座短路后将其开路，电路即可恢复正常。

冷却用的电风扇发生短路或绝缘性能降低时，使其他电路不能正常工作。可将其引线开路，其他电路即可恢复正常。但大型发热元器件很容易被烧坏，故应采取降温措施。

（三）接触不良

接触不良是电路常见故障模式之一，可能引起电气系统时好时坏，工作不稳定等现象。产生接触不良的主要原因有开关或电路中焊点有氧化、断裂、烧蚀、松动等。战斗损伤、冲击波、振动常常导致这类故障发生。

修复接触不良的最简单的方法是机械法，即利用手或其他绝缘体将失效的元器件采用机械的方法进行固定，使其恢复原有性能。几种常见损伤的处理方法如下所示。

1. 按钮开关损伤的处理方法

当按下按钮开关时，电路接通；手松开按钮时，电路又断开。这是因为自保电路中的继电器或有关电路有故障。这时可以不必去排除故障，只要继续用手按住按钮不放，或用胶布粘住或用竹片、木片、硬纸片等将按钮开关卡住，使电路继续工作，到战斗间隙再进行修理。

2. 继电器损伤的处理方法

对于不是频繁转换的继电器，如电源控制继电器、工作转换继电器，由于线包开路、电路开路或机械卡住等原因，继电器不能动作，可采用胶布、布带或其他绝缘材料将继电器捆绑住，强制使继电器处于吸合状态。如果继电器不能释放，也可用胶布或纸片将衔铁支起，使电路恢复正常工作。

3. 琴键开关损伤的处理方法

当琴键开关的自锁或互锁装置失灵时，则不能进行工作状态转换，也可采用手按、胶布粘、硬物卡的办法使琴键开关处于正常工作状态。

4. 天线阵子损伤的处理方法

通信设备或雷达的天线上的有源阵子或无源阵子，由于机械的原因从主杆上脱落时，可用胶布、绳或铁丝将阵子按原来的位置捆绑好，其性能将不受任何影响。

（四）过载

过载也是电气系统常见的故障现象，过载会使某些元器件输出信号消失或失真，保护电路会起动，电路全部或部分出现断电现象。应该指出，过载造成的断电现象，只有在保护电路处于良好状态时才会发生。否则，将会损坏某些单元。过载引起断路或短路，其修复方法可参见以上有关内容。

（五）机械卡滞

机械卡滞常出现于电气系统的开关、转轴等机械零部件上，其主要原因是过脏、零件变形、间隙不正常等。

修复电气系统的机械卡滞可采用酒精清洗，砂布打磨调整校正等方法。可根据具体的故障原因，合理选择具体方法。

参 考 文 献

[1] 杨小强，韩金华，李华兵，等.军用机电装备电液系统故障监测与诊断平台设计 [J].工兵装备研究，2017，36（1）：61-65.

[2] 韩金华，杨小强，张帅，等.基于虚拟仪器技术的布雷车电控系统故障检测仪 [J].工兵装备研究，2017，36（2）：55-59.

[3] 杨小强，张帅，李沛，等.新型履带式综合扫雷车电控系统故障检测仪 [J].工兵装备研究，2017，36（2）：60-64.

[4] 孙琰，李沛，杨小强.机电控制电路在线故障检测系统研制 [J].机械与电子，2015（10）：34-37.

[5] 孙志勇，杨小强，朱会杰.机械设备电控系统元器件在线故障检测系统研制 [J].机械制造与自动化，2017，46（2）：177-180.

[6] 胡全民.汽车电气系统的故障诊断与维修 [J].河南科技，2014（23）：79.

[7] 刘永兰.浅析汽车电气系统几种常见的故障判断及维修 [J].消费电子，2013（20）：18.

[8] 刘伟山.汽车电气系统的故障诊断与维修 [J].科技传播，2013（17）：171.

[9] 王中磊.汽车电气系统故障的诊断维修技术探索 [J].设备管理与维修，2017（15）：27-29.

[10] 贵阳詹阳机械工业有限公司.GJW111 型挖掘机使用维护说明书 [G].贵阳：詹阳机械工业有限公司，2002.

[11] 宇通股份有限公司.GJT112 型推土机使用维护说明书 [G].郑州：宇通股份有限公司，2006.

[12] 宇通股份有限公司.GJZ112 型装载机使用维护说明书 [G].郑州：宇通股份有限公司，2006.

[13] 天津建筑工程机械厂.移山-TY160C 履带式推土机使用保养维修手册 [G].天津：建筑工程机械厂，1999.